ACCOUNTING OF
CONSTRUCTION INDUSTRY THAT EVERYONE UNDERSTANDS

誰にでもわかる建設業の会計

公認会計士／税理士 望月 正芳 著

編集協力 建設工業経営研究会

大成出版社

はしがき

　建設業は道路、トンネル、鉄道等の社会基盤整備を行うほか、ビル、工場、マンション等の建設も行う産業で国民生活を支える社会資本の整備を行っている重要産業である。
　近年、建設投資額の減少により建設業を取り巻く経営環境は厳しさを増しており、建設業者は一層の経営努力が求められている。

　また、建設業の会計においても、近年、会計の国際的な調和を図る動きから新しい会計基準等の制定が続いており建設業者はその対応を迫られている。
　特に、平成19年12月に制定された「工事契約に関する会計基準」は工事契約に関する包括的な基準を定め、工事収益及び工事原価の会計処理等は当該基準によることとなり、我が国における建設業の会計の基準となった。

　本書を記載するにあたっては、建設業会計に係る最新の会計基準、法規等に基づき出来るだけ分かりやすく解説し、読者の理解がしやすいように努めている。

　本書は建設業に携わる会計実務担当者及び建設業を担当している公認会計士、税理士の職業会計人などを対象として記載している。
　なお、記載にあたっては各項目について主な要点をポイントとして掲げ、また、設例により分かりやすくするとともに必要に応じて税法の取扱い及び中小企業の取扱いも解説している。

　第1章「建設業会計の特色」においては、建設業は、一般製造業に比較して多くの産業としての特徴を有していることを公表されているデータを利

用して解説し、一般製造業とは異なる建設業会計の特色をまとめている。

　第2章「会計制度」においては、企業会計の分類及び会計の指導原理としての性格を有する企業会計原則と法規制として成文化された会社法会計、金融商品取引法会計、税法会計について記載している。

　第3章「工事契約に関する会計基準」においては、工事契約に関する包括的な会計基準として制定された「工事契約に関する会計基準」について、工事契約の範囲、認識の単位、認識基準、工事進行基準及び工事完成基準の会計処理、工事損失引当金等について記載している。

　第4章「工事収益（完成工事高）の計上」においては、設例により工事進行基準及び工事完成基準の会計処理を解説するとともに、工事収益総額、工事原価総額、工事進捗度を見積るうえでの留意点及び税法上の取扱いを記載している。

　第5章「工事の原価計算」においては、建設業の原価計算の特徴及び原価要素の形態的分類である、材料費、労務費、外注費、経費について解説するとともに工事の原価管理を適切に行うことが建設業の経営上は重要な課題であることを記載している。

　第6章「建設業の勘定科目と会計処理等」においては、勘定科目のもつ性質を基に分類して、その分類に含まれる主な勘定科目並びに会計処理及び開示等について記載している。

　第7章「建設業の財務諸表」においては、建設業の財務諸表は、会社法、建設業法及び金融商品取引法に基づいて作成するが、その財務諸表である貸借対照表、損益計算書、株主資本変動計算書、注記表、附属明細書の作成の

記載事項、記載様式等を記載している。

　第8章「JV工事の会計」においては、複数の建設業者が共同して受注し、施工を行う共同企業体（JV）工事の会計処理について、設例により解説している。

　なお、本書は記載にあたり建設工業経営研究会の協力を頂いて作成していますが、建設業会計の標準的で指導的な解説書である建設工業経営研究会の編集、発行の「建設業会計提要」をあわせてお読み頂くことをお勧めいたします。

　本書が建設業に携わる会計実務担当者、建設業を担当する職業会計人をはじめ建設業に関連する方々のお役に立てれば幸いであります。

　最後に、本書の出版に尽力して頂いた（株）大成出版社の山口修平氏に感謝いたします。

以上

第1章 建設業会計の特色
① 建設業の状況　*2*
② 建設業会計の特色　*13*

第2章 会計制度
① 企業会計の分類　*22*
② 制度会計　*25*

第3章 工事契約に関する会計基準
① 経緯　*32*
② 目的　*34*
③ 工事契約の範囲　*35*
④ 工事契約に係る認識の単位　*38*
⑤ 工事契約に係る認識基準　*41*
⑥ 工事収益総額の信頼性　*44*
⑦ 工事原価総額の信頼性　*47*
⑧ 工事進捗度の信頼性　*49*
⑨ 成果の確実性の事後的な獲得又は喪失　*53*
⑩ 短期・小規模工事の取扱い　*57*
⑪ 工事進行基準の会計処理　*59*
⑫ 工事完成基準の会計処理　*64*
⑬ 工事損失引当金　*65*
⑭ 開示　*68*

第4章 工事収益（完成工事高）の計上
  ① 工事収益の認識基準の相違による影響　*74*
  ② 工事進行基準　*77*
  ③ 工事完成基準　*98*
  ④ 部分完成基準　*104*
  ⑤ 延払基準　*106*

第5章 工事の原価計算
  ① 原価計算制度　*110*
  ② 事前及び事後原価計算　*114*
  ③ 工事原価計算　*117*
  ④ 材料費　*122*
  ⑤ 労務費　*126*
  ⑥ 外注費　*128*
  ⑦ 経費　*130*
  ⑧ 工事の原価管理と経営　*134*

第6章 建設業の勘定科目と会計処理等
  ① 金銭債権　*138*
  ② 貸倒損失、貸倒引当金　*144*
  ③ 有価証券　*151*
  ④ 棚卸資産　*161*
  ⑤ 有形固定資産　*169*
  ⑥ 金銭債務　*181*
  ⑦ 法人税等　*186*
  ⑧ 税効果会計　*189*

⑨ 引当金　*197*
⑩ 収益及び費用の計上　*208*
⑪ リース取引　*216*

第7章 建設業の財務諸表
① 財務諸表の種類　*227*
② 貸借対照表　*231*
③ 損益計算書　*244*
④ 株主資本等変動計算書　*255*
⑤ 注記表　*264*
⑥ 附属明細書　*295*
⑦ 事業報告　*306*

第8章 JV工事の会計
① JVとは　*310*
② JVの種類　*312*
③ JVの会計処理　*314*

凡例

省令様式	建設業法施行規則の様式第15号乃至第17号の3（及び第18号乃至第19号）
勘定科目の分類	建設業法施行規則別記様式第15号及び第16号の国土交通大臣の定める勘定科目の分類
工事契約会計基準	工事契約に関する会計基準
工事契約適用指針	工事契約に関する会計基準の適用指針
金融商品会計基準	金融商品に関する会計基準
金融商品会計実務指針	金融商品に関する実務指針
棚卸資産会計基準	棚卸資産の評価に関する会計基準
退職給付会計基準	退職給付に係る会計基準
リース取引会計基準	リース取引に関する会計基準
中小企業会計指針	中小企業の会計に関する指針
財務諸表等規則	財務諸表等の用語、様式及び作成方法に関する規則
財規ガイドライン	「財務諸表等の用語、様式及び作成方法に関する規則」の取扱いに関する留意事項について
連結財務諸表規則	連結財務諸表の用語、様式及び作成方法に関する規則

なお、文中（　）内参照条文は次のとおり略記しています。
　　　文章中の場合は略記は使用しません。

会計基準	工事契約会計基準
適用指針	工事契約適用指針
施規	会社法施行規則
計規	会社計算規則
財規	財務諸表等規則
法法	法人税法
法施令	法人税法施行令
法基通	法人税法基本通達
措置法	租税特別措置法

第1章 建設業会計の特色

建設業の状況

1. 建設業と日本経済

> **Point** 建設業は社会基盤や社会資本の整備を行っている基幹産業である。

　建設業とは、土木、建築等の建設工事を施工することを主としている事業で、建設工事とは次の施工をすることである。
　①建築物、土木施設その他土地に継続的に接着する工作物及びこれらに附帯する設備の新設、改造、修繕、解体、除却もしくは移設
　②土地、航路、流路などの改良もしくは造成
　③機械装置の据付、解体もしくは移設

　建設業は、個別受注生産、現場が屋外で労働集約生産が中心で、その生産システムも総合管理、監督機能を担う総合建設業と直接施工機能を担う専門工事業の分担関係で成り立っている。
　また、多くの工種や下請の重層化、複雑な取引関係、多様な雇用形態等の複雑な産業構造となっている。
　建設業は道路、トンネル、ダム、護岸、鉄道等の社会基盤整備を行うほか、ビル、工場、マンション等の建設も行う産業で国民生活を支える社会資本の整備を行っている重要産業である。

　戦後の日本の復興は、破壊された国土の社会基盤の整備から始まり、日本経済の発展とともに、高速道路網、新幹線網、空港等の土木工事やビル、コ

ンビナート工場、住宅等の建築工事の建設が盛んに行われ、それに伴い、建設業界は大きく発展成長してきた。しかしながら、バブル景気崩壊後は、景気の悪化、国及び地方公共団体の財政難等から建設投資の減少が続き、最近では、バブル景気以前の建設投資額になっている。

　最盛期の平成4年度においては、建設業の建設投資額は84兆円であったが、最近の平成20年（2008年）度では、建設業の建設投資額は48兆円で、その生産額は30.9兆円で国内総生産額505兆円の6.1％を占めている。

　また、建設業の就業者数は産業構造の転換による農業等からの受入れや不況対策としての公共投資の拡大による他産業からの受入れ等で平成9年度のピーク時で685万人であったが、最近の平成21年（2009年）度の建設業の就業者数は517万人で就業者総数6,282万人の8.2％を占めている。

　建設業の生産額及び就業者数は、従前に比較すれば減少しているが、日本経済にとって重要な基幹産業で、国民生活や経済活動の基盤づくりを担う建設業の役割は重要であるといえる。

産業別生産額

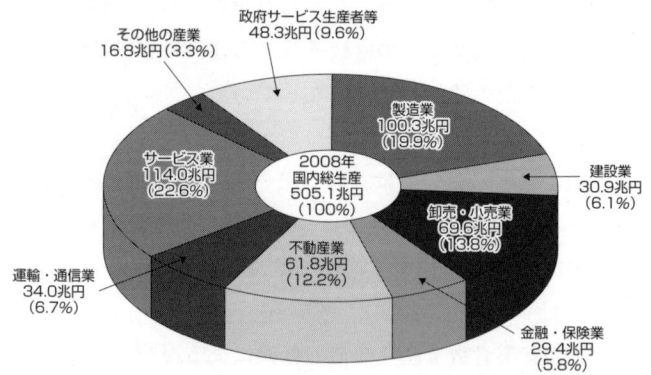

出典：建設業ハンドブック2010

国民経済計算ベースでは、建設業の産出額（2008年68.5兆円。維持補修も含む）のうち、半分強が建設資材等の中間投入部分であり、建設業が新たに生み出した価値（生産額）は半分弱（2008年30.9兆円、粗付加価値率45.1%）である。
2008年の建設業の生産額は国全体の生産額（国内総生産）の6.1%を占める。

産業別就業者数

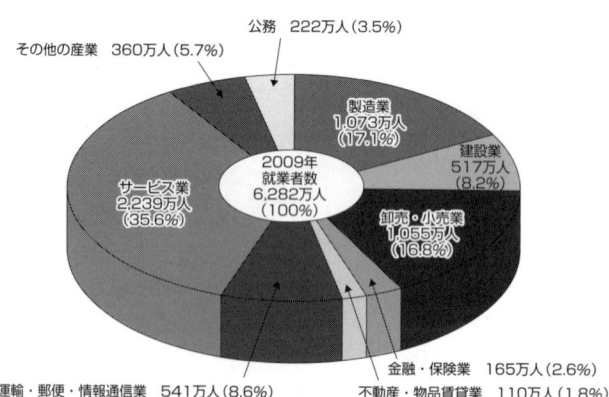

出典：建設業ハンドブック2010

建設業就業者数の全体に占める割合は近年低下傾向にあり、2009年における割合は8.2%である。

建設業就業者数の推移

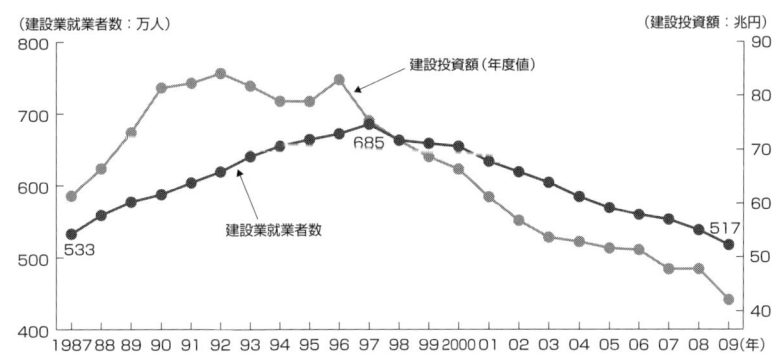

出典：建設業ハンドブック 2010

建設業就業者数はバブル後の不況下でも一貫して増加を続け（92年〜97年の就業者数は、製造業の127万人減に対して、建設業は66万人増）、結果的にわが国の雇用の安定に寄与してきたが、97年（685万人）をピークとしてその後は減少。09年までの12年間で168万人（24.5％）減少した。09年の前年比減少率（3.7％）は、戦後の混乱期を除けば過去最大である。

2．建設投資の推移

> **Point** 建設投資はバブル景気崩壊後減少を続けている。

　建設投資は政府建設投資と民間建設投資に区分され、政府建設投資は公共事業の土木工事が中心になり、民間建設投資はビル、マンション等の建築工事が中心になる。

　我が国の建設投資は昭和60年頃からのバブル景気の影響で民間建設投資の大幅な増加により、建設投資全体では平成4年度には84兆円に達した。
　しかし、その後のバブル崩壊に伴う景気の悪化により建設投資は減少するが、平成5年度から景気対策の一環として政府建設投資の増加により平成8年度の建設投資は83兆円まで回復した。

その後は、国の財政の悪化、景気の低迷の影響により、政府及び民間の建設投資は減少を続け、平成21年度の建設投資は42兆円でピーク時の平成4年度と比較すると約50％減少している。

　このうち、政府建設投資は国の景気対策として行った政府建設投資の増加により、平成7年度の35兆円をピークに、その後は国の財政赤字削減の方針のもと減少し続け、平成21年度は17兆円で平成7年度と比較すると約52％減少している。
　また、民間建設投資はバブル景気で民間建設投資が増加した平成2年度の56兆円をピークに、その後の景気の悪化に伴い減少を続け、平成21年度は26兆円で平成2年度と比較すると約54％減少している。

建設投資額（名目）の推移

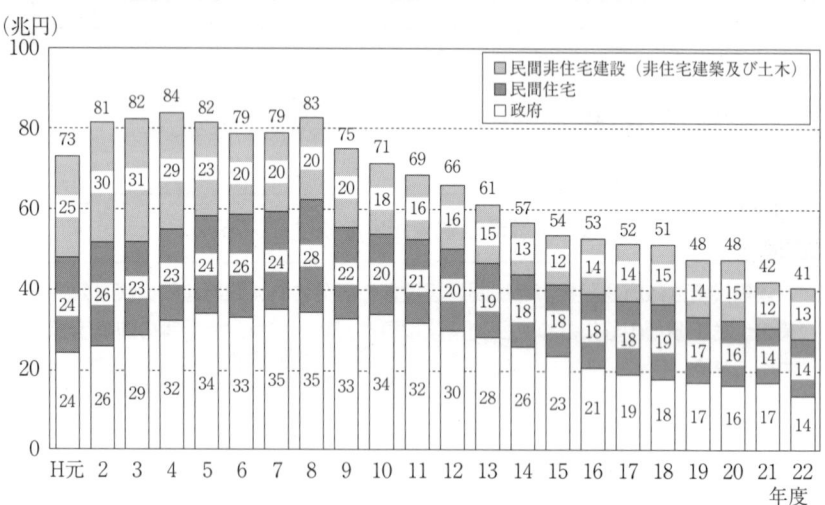

出典：国土交通省（平成22年度建設投資見通し）

3. 建設業の特徴

> **Point** 建設業の特徴は、受注産業、下請制度、中小建設業者が多い、公共工事に依存等である。

　建設業は個別注文生産する典型的な受注産業であり、重層的な下請制度と下請制度を支える多くの中小建設業者の存在、また、工事現場が屋外で地理的条件等の影響を受けやすい等の産業としての特徴がある。

(1) 受注産業

　建設業は発注者との工事請負契約により工事を受注し建設する請負生産であり、一般製造業のような規格品の計画生産ではない。

　建設業は典型的な受注産業であり、個別注文生産で工種、構造、規模、施工場所、工事期間等が異なっており、同じ受注産業でも生産設備が固定されている造船業等とも異なっている。

　このため、建設業の原価計算は規格品の計画生産を行う一般製造業のように総合原価計算を行うことはできず、個々の工事ごとに工事原価を集計する個別原価計算を行っている。

(2) 下請制度

　建設業者は工事を受注すると工種別にそれぞれの専門業者に発注し、受注した専門業者は、その工事の一部をさらに下請業者に発注する重層的な下請制度を構成している。

　建設業は受注により仕事量が大きく変動することから、技術者、労務者を常時雇用したり、建設機械等を所有すると、コストが高くなることから、これらの負担を軽減するため下請業者を使い経営に弾力性をもたせている。

　建設業は専門業者に発注する下請制度があるため、一般製造業に比較して外注割合が高く、完成工事原価に占める外注費割合は60％を超えている。

また、専門業者に建設機械等込みで外注する場合が多いことから有形固定資産の所有割合は一般製造業に比べ相対的に少ない。

下請完成工事比率の推移

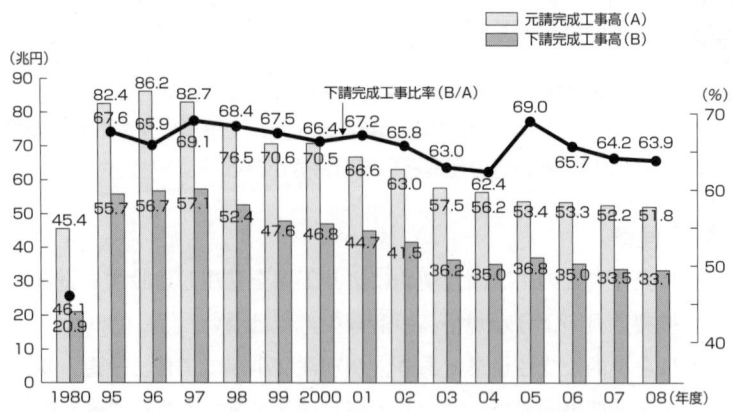

出典：建設業ハンドブック 2010

下請完成工事比率は 90 年代半ばまで上昇傾向にあった。これは建設生産における下請業者への依存度の高まり（大手ゼネコン等元請業者のマネジメント業務への特化）や下請構造の重層化を反映したものとみられる。近年は 60％ 台で推移している。

（3）中小建設業者が多い

　建設業は、工事の一部を専門業者に発注するため、直接雇用する技術者、労務者の人数を少なくして事業を営むことができ、また、大きな資本を必要としないこと等から新規の開業が容易であるため中小建設業者の割合が非常に高い。

　建設業法に基づく建設業者数は、近年は減少傾向にあるが平成 21 年 3 月末日現在、約 509 千業者であり、その内訳は、個人は 106 千業者で約 21％ を占め、法人企業は約 403 千業者で 79％ を占めている。

　また、建設業者を規模別でみると個人及び資本金 1 億円未満の中小企業の占める比率は約 99％ で中小建設業者の占める割合が圧倒的に高い。

建設業許可業者の資本金階層別構成比

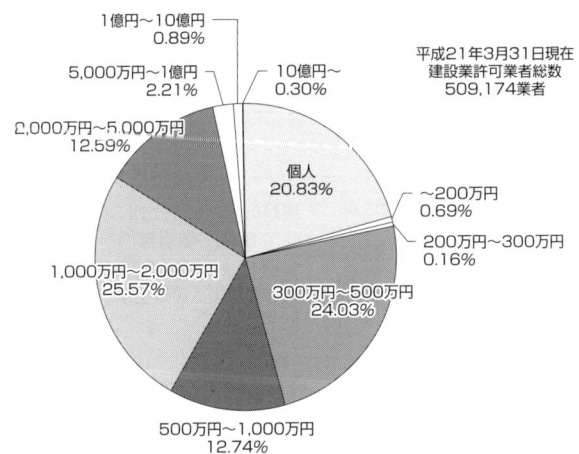

出典：国土交通省

（4）公共工事に依存

　我が国の建設投資額は平成21年度で約42兆円で、そのうち公共投資は約17兆円であり建設投資額に占める割合は約40%であり我が国の建設業界は公共工事への依存割合が高い。

　特に、北海道、北陸、四国等の地方圏の産業の少ない地方では不況対策や雇用確保のため公共工事が行われたことから建設業が地方圏の基幹産業となっている。

　このため、地方圏においては、地方圏の総生産額に占める建設業の生産額の割合、全就業者数に占める建設業就業者数の割合及び建設投資額に占める公共投資額の割合等は都市部に比べ高く、公共投資への依存割合が高いことから、近年の公共投資削減の動きは、地方圏の建設業者の経営に大きな影響を与えている。

国及び地方公共団体等の公共機関によって発注される公共工事は、原則として予定価格による入札制度が採られている。この公共工事を直接受注しようとする建設業者は、国土交通大臣等が行う建設業者の経営内容を審査する「経営事項審査」を受けなければならない。

建設投資の構造

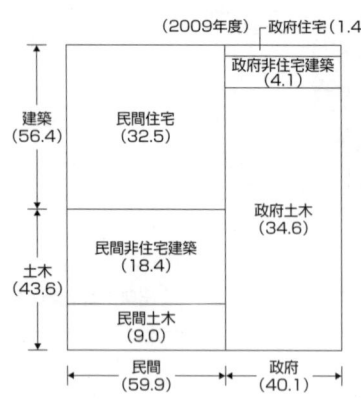

建設投資を発注者別にみると、民間部門が全体の60%、政府部門が40%を占める。工事別では建築が56%、土木が44%。民間投資の大半は建築工事、政府投資の大半は土木工事である。

（注）（　）内は投資総額を100とした場合の構成比
出典：建設業ハンドブック2010

建設投資の地域別構成比

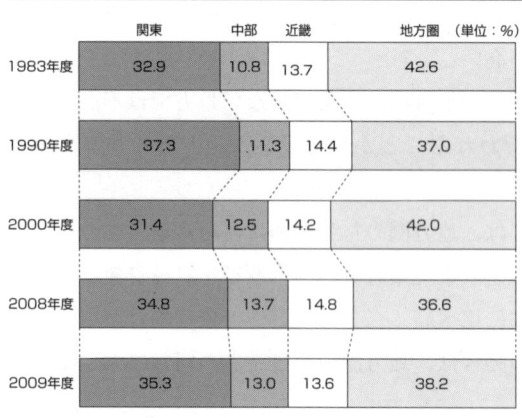

建設投資を地域別構成比でみると、90年代はバブル崩壊の影響を大きく蒙った大都市圏（特に関東地方）において比率の縮小が顕著であったが、2000年代に入って拡大に転じた。これは、近年の公共事業抑制の影響が公共投資依存度の高い地方圏により大きく及んでいる一方、大都市圏では民間投資が相対的に堅調であったことによる。
09年度は、景気悪化による民間投資の急激な冷え込みの影響で大都市圏の比率が低下した。

出典：建設業ハンドブック2010

(5) 工事現場が屋外で移動する。

　一般製造業では一定の場所に工場設備を置き、連続的に製品を生産するが、建設業は施工する工事の大部分を屋外で単発的に建設するため、天候や地理的条件等により工事の進捗や採算に大きな影響を受けやすい。また、工事が完成すると工事担当者、建設機械等は別の工事現場に移動して工事現場は一定の場所に定着しないことから、一般製造業に比べ労働力や建設機械等の効率的な利用が妨げられる場合がある。

(6) JV 工事

　建設業においては複数の建設業者が共同して受注して施工を行う共同企業体（ジョイント・ベンチャー以下、JV という。）による工事がある。

　JV は、それ自体は独立の法人格はなく、共同事業の権利義務の帰属は構成員である建設業者であり、各構成員は共同して工事を完成させる義務を負っている。

　JV は、もともと建設業者が単独で受注するより、資金負担や工事損失の負担を分散でき、また、技術力や工事経験の少ない建設業者にとっては、技術の収得や工事経験を積むことができるように作られた制度である。

　JV 工事は一時期、地方自治体が地元の中小建設業者が受注できるように JV を利用したことから　多くの工事で採用されるようになった。

(7) 取引慣行

　建設業法では、工事請負契約書を締結して、工事の内容、請負金額、工事着手の時期及び完成の時期等の重要事項を記載することを規定している。

　しかしながら、我が国においては、契約の概念が乏しいことから、工事に関する契約書等なしに、発注者は工事の着手を建設業者に指示し、建設業者は工事に着手している場合がある。この場合、その後契約書等を締結するが、時として工事が完成して引渡しが行われているにもかかわらず契約書等が締結されない場合もある。

このような取引慣行があるため、特に追加工事、変更工事等については、後日、発注の有無、請負金額等で発注者との間でトラブルになることがある。
　建設業界においては、このような取引慣行をやむを得ないとする風潮があるが、業界の近代化、透明化を図るために、このような取引慣行を改善することが望まれる。

② 建設業会計の特色

建設業は一般製造業に比べると業種としての多くの特徴を有しているため、建設業の会計には特色のある会計処理や勘定科目がある。

1. 工事収益の計上基準

> **Point** 工事の進捗部分について成果の確実性が認められる場合は工事進行基準、認められない場合は工事完成基準を適用する。

我が国の企業会計原則では期間損益計算の基本原則として、発生主義の原則によるとしているが、収益については、さらに実現主義を掲げている。

実現主義は、収益については当期において発生し、かつ実現したものを認識して計上する考えであり、一般製造業等においては、製品を販売した時に実現したものとして収益に計上する。

一方、建設業の工事収益については平成19年12月に企業会計基準委員会が「工事契約に関する会計基準」を制定し、工事が進行途上であっても、その進捗部分について成果の確実性が認められる場合、具体的には、工事収益総額、工事原価総額及び決算日における工事進捗度の3要件を信頼をもって見積ることができる場合は、工事進行基準を適用し、この3要件を満たさない場合は工事完成基準で工事収益を計上することになった。

(1) 工事進行基準

工事が進行途上であっても、その進捗部分について成果の確実性が認められる場合は工事進行基準を適用する。

工事進行基準は工事が完成、引渡しする前の未成工事の状況にあっても、

決算日における工事の進捗度により工事収益総額及び工事原価総額の一部を当期の収益（完成工事高）及び費用（完成工事原価）として計上する方法であり、決算日における工事の進捗度は一般的には工事原価総額と発生した工事原価の比率（原価比例法）によっている。

当期完成工事高＝工事収益総額×工事進捗度－既計上完成工事高

当期完成工事原価＝工事原価総額×工事進捗度－既計上完成工事原価

決算日における工事進捗度＝$\dfrac{決算日における発生工事原価}{工事原価総額}$

(2) 工事完成基準

工事の進捗部分について成果の確実性が認められない場合は工事完成基準を適用する。

工事完成基準は、工事が完成し、引渡した時点で収益（完成工事高）及び費用（完成工事原価）を計上する方法である。ここでは工事の完成だけでなく、引渡しの完了により工事収益を計上する完成引渡基準である。

工事の完成、引渡しについては、契約書の工期、完成届及び引渡書等の形式的な書類のみで判断するのではなく、その工事の完成、引渡しが実質的に完了した日で判断することが必要である。

2. 工事原価

　原価計算は個別原価計算を行い、実行予算と実際発生原価を比較分析して原価管理する。

一般製造業においては規格品を計画生産するため総合原価計算を行うことが

多いが、建設業においては個々の工事契約により工事の規模、種類、仕様等が異なることから個別の工事ごとに工事原価を記録、集計する個別原価計算を行っている。

(1) 個別原価計算

受注した工事については個別ごとに原則、工事実行予算を作成する。

工事実行予算は工事費を工種別、工程別に見積り、社内承認を受けて工事番号が付され、工事の着工指示書になる。

工事の原価管理を行うには、工事実行予算と工事原価の実際発生額を対比して検討することになるが、そのためには工種別、工程別の予算の作成と実績の把握が必要となる。

工事原価の実際発生額は、工事番号別に工事原価台帳を設けて記録、集計し、原価は形態的分類に基づいて材料費、労務費、外注費及び経費の4要素に分類する。

工事の個別原価計算においては、材料費、労務費、外注費及び経費の4要素区分による原価分類と仮設工事費、直接工事費、間接工事費及び現場経費のような工種別、工程別の原価分類を組み合わせた原価計算となる。

また、建設の補助部門として機械部、設計部、電算センター、工事事務所等があり、これらの部門で発生した費用は合理的な基準に基づき機械損料、割掛設計費等の名称で個別の工事原価に配賦する。

(2) 原価管理の方法

一般製造業の原価管理は、製品単位等で標準原価や予定原価を設定し、実際の原価の発生額と比較して、その差異の原因を分析し、原価の低減を図るが、建設業は受注した工事ごとに実行予算と実際の工事原価の発生額を工種別、工程別に比較して、その差異を分析し、工事原価の低減を図っている。

実行予算と工事原価の実際発生額を比較するため、通常は月単位で予算と実績を対比した工事状況月報等の資料を作成し、工事損益の見込みを把握し

ている。

3. 建設業固有の勘定科目

> **Point** 建設業の勘定科目は工事に関連する勘定科目に特色がある。

　建設業は工事請負契約により、工事の完成を請負う典型的な受注産業であり、工事収益の計上基準及び工事原価計算の方法等に一般製造業とは異なる特色のある会計処理が行われている。
　このため、建設業の勘定科目は工事に関連する勘定科目に特色がある。

(1) 貸借対照表
① 完成工事未収入金
　完成工事高に計上した工事に係る請負代金の未収額である。
　この完成工事未収入金には次の未収額が含まれる。
- 工事進行基準を適用した場合、工事の進行途上において完成工事高に計上した請負代金の未収額
- 工事完成基準を適用した場合、完成引渡し時点で完成工事高に計上した請負代金の未収額

　完成引渡した工事であって請負代金の全部又は一部が確定していない場合には、その金額を見積った完成工事未収入金も含まれる。
　完成工事未収入金は建設業の営業活動の成果として生じた営業循環過程にある債権として流動資産の部に記載する。
　なお、従来は、工事進行基準を適用した場合の未収額は法的には債権でないことから金銭債権とはみなされなかったが、工事契約会計基準により、会計上は法的債権に準ずるものと考え、金銭債権として取扱うこととされた。

建設業の完成工事未収入金は、一般製造業における売掛金に相当するものである。

② 未成工事支出金
　完成工事原価に計上していない工事費並びに材料の購入及び外注のための前渡金及び手付金等である。
　この未成工事支出金には次の工事原価が含まれる。
- 工事進行基準を適用する場合、発生した工事原価のうちいまだ完成工事原価に計上されていない工事原価
- 工事完成基準を適用する場合、工事の完成、引渡しまでに発生した工事原価

　建設業は工事の完成引渡しを請負っており完成すれば引渡すため、一般製造業における製品に相当するものはない。
　建設業の未成工事支出金は、一般製造業における仕掛品に相当するものである。

③ 工事未払金
　工事費の未払額で工事原価に算入されるべき材料貯蔵品購入代金が含まれる。
　工事未払金には完成工事原価に算入される完成工事未払金と未成工事支出金に算入される未成工事未払金に区別される。
　工事未払金は、原則、工事の出来高査定及び納品による請求書等に基づき計上する確定債務に限られるが、完成工事に係る工事原価が一部未確定の場合に見積った完成工事未払金も含まれる。

　建設業の工事未払金は、一般製造業における買掛金に相当するものである。

④ 未成工事受入金

請負代金の受入高のうち完成工事高に計上していないものである。
この未成工事受入金には次のものが含まれる。
- 工事の出来高に関係なく、工事契約時、中間時等に受入れる前受金
- 工事の出来高に対する受入金

なお、工事進行基準を適用する場合は、完成工事高として計上した完成工事未収入金と対応する未成工事受入金を相殺処理する。

⑤ 完成工事補償引当金

引渡しを完了した工事に係る瑕疵担保に対する引当金である。
過去の完成工事に係る瑕疵補修実績に基づいた見積額を引当金に繰入れる。
建設業の完成工事補償引当金は、一般製造業における製品保証引当金に相当するものである。

⑥ 工事損失引当金

工事原価総額が工事収益総額を上回る場合の超過額（工事損失総額）のうち既に計上された損益の額を控除した額に対する引当金である。
工事損失引当金は工事進行基準適用工事であるか、工事完成基準適用工事であるかにかかわらず適用する。また、工事の進捗度にかかわらず適用する。
なお、工事損失引当金は貸借対照表の流動負債の部に記載するが、同一の工事契約に関する未成工事支出金と工事損失引当金がともに計上される場合には貸借対照表上で相殺表示することができる。

(2) 損益計算書

① 完成工事高

完成工事高には、工事進行基準により収益に計上する場合における期中出来高相当額及び工事完成基準により収益に計上する場合における最終総請負高を記載する。

完成引渡した工事であって請負高の全部又は一部が確定していない時は、その金額を見積って請負高を計上する。

この場合、その後請負高が確定した時に通常発生する見積請負高との差額は確定の日を含む事業年度の完成工事高に含めて計上する。

なお、JV工事の場合は、JV全体の完成工事高に出資の割合（持分）を乗じた額又は分担した工事額を計上する。

② 完成工事原価

完成工事原価には、完成工事高として計上したものに対応する工事原価を記載する。

完成引渡した工事であって、工事原価の全部又は一部が確定しない時は、その金額を見積って工事原価を計上する。

この場合、その後工事原価が確定した時に通常発生する見積工事原価との差額は、確定の日を含む事業年度の完成工事原価に含めて記載する。

第2章 会計制度

企業会計の分類

> **Point** 企業会計は財務会計と管理会計に大別される。

　企業会計とは主として営利企業が、その活動内容及びその成果を報告する手段として行う会計である。
　企業会計は、その目的から財務会計と管理会計に区分できる。

1. 財務会計

　企業の活動やその成果である企業の財政状態や経営成績の会計情報を企業の外部の利害関係者（株主、債権者、税務当局等）に対して提供することを目的とする会計である。
　企業には多くの外部の利害関係者が存在するが、その中でも株主と債権者は企業の存続と成長に必要な資金を提供している。
　このため、財務会計の主たる目的は株主と債権者に対する会計情報の提供といえる。

2. 管理会計

　企業の内部において会計情報を経営者、内部管理者等の意志決定や業績測定及び業績評価に役立てることを目的とする会計である。
　管理会計上の情報は、組織内部で使用される会計情報で組織の外部から利用できる財務会計上の情報とは異なる。

管理会計は、法規制で求められていないため企業が自主的に行うもので企業の業績を伸ばすために行い、社内の管理、意志決定を目的として必要に応じて作成される。

　財務会計と管理会計を対比すると次のとおりである。

区分	財務会計	管理会計
報告	外部報告	内部報告
目的	財政状態及び経営成績を報告	経営管理に有用な会計情報を提供
利用者	株主、債権者、投資家、取引先、税務署等	経営者、管理者等
作成時期	1年、半期、四半期	1年、月次、週次、日次
報告書の種類	財務諸表等	予算書、原価計算書等
情報の性格	正確性	有用性

3.財務会計の区分

　財務会計はその目的から制度会計と非制度会計に区分できる。

（1）制度会計
　会社法、金融商品取引法、税法等の法規制に基づき実施される財務会計をいう。

（2）非制度会計
　海外投資家向けの財務諸表の作成や環境会計等のような社会貢献に協力している内容を金銭で示す会計で法規制に基づかない財務会計をいう。

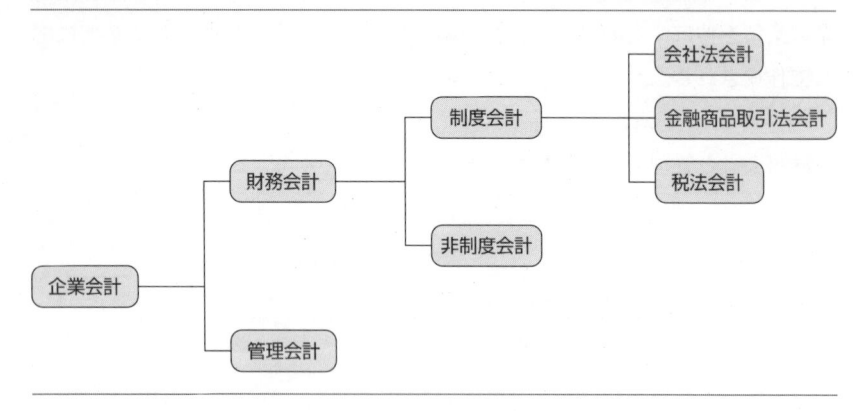

企業会計の分類

```
企業会計 ─┬─ 財務会計 ─┬─ 制度会計 ─┬─ 会社法会計
          │            │            ├─ 金融商品取引法会計
          │            │            └─ 税法会計
          │            └─ 非制度会計
          └─ 管理会計
```

② 制度会計

> **Point** 法規制としての会社法、金融商品取引法、税法の会計があり、トライアングル体制と呼ばれている。

　我が国における制度会計は企業会計制度の統一改善のための基礎となることを目的にした指導原理としての性格を有する企業会計原則と法規制として成文化された会社法、金融商品取引法、税法の会計から成り立っている。

　企業会計原則は、法規制ではないが「企業会計の実務の中に慣習として発達したもののなかから一般に公正妥当と認められたところを要約したもの」であるから、会社法、金融商品取引法、税法も尊重すべき規範とされている。

　会社法は株主と債権者の保護、金融商品取引法は投資家の保護、税法は課税の公平性のためと法令の目的がそれぞれ異なっていながらも企業会計原則を指導原理と位置付けている。

　この3つの法律に規制された会計制度のことを「トライアングル体制」と呼ぶことがある。

会計制度のトライアングル体制

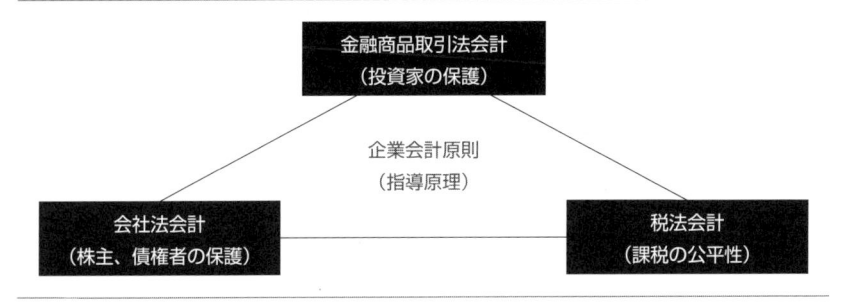

```
            金融商品取引法会計
             （投資家の保護）
              /           \
         企業会計原則
         （指導原理）
        /                  \
   会社法会計              税法会計
（株主、債権者の保護）    （課税の公平性）
```

1. 企業会計原則

> **Point** 企業会計制度の統一、改善を目的とし、指導原理としての性格を有する。

企業会計原則は法規制ではないが、会社法、金融商品取引法、税法も尊重すべき規範である。

企業会計原則は、昭和24年7月に我が国の企業会計制度の統一、改善を図るために公表され、次のように位置付けられた。

(1) 一般に公正妥当と認められたところを要約したもので、法令によって強制されないでも、すべての企業が従わなければならない基準である。
(2) 公認会計士が監査する場合に従わなければならない基準である。
(3) 将来、会社法、金融商品取引法、税法等の企業会計に関係ある諸法令が制定、改廃される場合には尊重されなければならない。

企業会計原則は、その後の社会経済情勢の変化に応じて、数次にわたり一部の修正がなされている。

しかしながら、近年、新しく設定される会計基準の理論的根拠は企業会計原則ではなく主として概念フレームワークに基づいているため、企業会計原則の一部には新しい会計基準と整合しない部分(例えば、工事契約会計基準による工事収益の認識基準等)が生じており、企業会計原則の役割は低下しているものといえる。

2. 会社法会計

> **Point** 株主と債権者の保護を目的とし、財産及び損益の開示、配当可能利益の計算をする。

　会社法会計とは、株主と債権者の保護及び利害調整を図るため、会社法、会社法施行規則、会社計算規則等で財産及び損益の開示、配当可能利益の計算を規制している会計をいう。

　昭和49年の商法改正で会計監査人の監査が商法に導入されたことから監査の一元化を図るため、商法と企業会計原則の調整がなされた結果、旧商法第32条第2項に「商業帳簿の作成に関する規定の解釈については公正なる会計慣行を斟酌すべし」との斟酌規定が設けられた。

　ここで「公正なる会計慣行」とは、企業会計原則を指すものとされた。

　その後、平成18年施行の会社法第431条において「株式会社の会計は、一般に公正妥当と認められる企業会計の慣行に従うものとする。」との遵守規定が設けられ、会社法等の条文だけでは規制できない株式会社の会計については公正妥当な企業会計の慣行に従うものとされた。

　会社法は、旧商法の「公正なる会計慣行を斟酌すべし」との斟酌規定を「企業会計の慣行に従うものとする」との遵守規定に変更し、会社法会計は会計処理及び計算書類の表示等については、金融商品取引法会計の会計基準等に合わせる方向で調整が図られた。

　これにより、会社法会計と金融商品取引法会計は基本的に一致した。

　ただし、「一般に公正妥当と認められる企業会計の慣行」には、有価証券報告書提出会社向けの会計基準だけでなく、例えば「中小企業の会計に関する指針」も含まれ、中小企業においては、この指針が「一般に公正妥当と認められる企業会計の慣行」に該当する。

3. 金融商品取引法会計

> **Point** 投資家の保護を目的とし、企業会計情報の開示をする。

　金融商品取引法会計とは、企業内容等の開示の制度の整備等により国民経済の健全な発展及び投資家の保護を図るため、金融商品取引法、金融商品取引法施行令、連結財務諸表規則、財務諸表等規則等で投資家への企業会計情報の開示を規制している会計をいう。

　金融商品取引法は企業内容等の開示をさせるため次のような株式会社に有価証券報告書の提出を義務づけている。
（1）金融商品取引所に株式公開している会社
（2）有価証券届出書提出会社（1億円以上の有価証券の募集又は売出しを行う場合に提出する書類）
（3）過去5年間、株券等の保有者数が500人以上となった会社（ただし、5億円未満の会社を除く）

　有価証券報告書により提出する財務諸表は、連結財務諸表については「連結財務諸表規則、同ガイドライン」、財務諸表については「財務諸表等規則、同ガイドライン」、四半期財務諸表については「四半期連結財務諸表規則、同ガイドライン」及び「四半期財務諸表等規則、同ガイドライン」に基づき作成される。

　金融商品取引法の適用される建設会社の財務諸表については、財務諸表等規則第2条の規定により建設業法施行規則（省令様式）に基づき作成する。
　ただし、財務諸表等規則第2条ただし書の規定により
　　●関係会社に関する事項

- 有形固定資産、減価償却累計額及び減損損失累計額に関する事項
- 工事損失引当金の表示に関する事項
- 引当金繰入額に関する事項
- 株主資本等変動計算書に関する事項

等は省令様式の定めによらず、財務諸表等規則の記載方法による。

4．税法会計

> **Point** 課税の公平性を目的とし、課税所得及び税額の計算をする。

　税法会計とは、課税の公平性を図るため、法人税、法人税施行令、法人税基本通達、租税特別措置法等で課税所得及び税額の計算を規制している会計をいう。

　法人税法では、課税所得は収益に基づく益金から費用に基づく損金を控除して算定され、収益及び費用の計算は一般に公正妥当と認められる会計処理の基準に従って計算される（法法第22条第4項）としていることから、企業会計の慣行によって計上される収益及び費用が基本となっている。
　しかしながら、税法会計は課税の公平性の確保及び産業政策上の配慮等のため、企業会計上の利益を基礎として税法上の「別段の定め」により企業会計上の収益及び費用を税法上の益金及び損金に調整している。
　このため、企業会計の収益及び費用でも税法上は益金及び損金にされないもの（受取配当金の益金不算入、交際費の損金不算入等）及び、企業会計の収益及び費用でなくても税法上は益金及び損金とされるもの（特別減価償却、租税特別措置法上の準備金繰入額等）がある。

（1）損金経理

　法人税法の課税所得の計算上、損金の額に算入するためには、法人がその

確定した決算において費用又は損失として経理する（損金経理）ことを要件としているものがある。

例えば、減価償却費の計算、引当金の繰入等の一定の内部の意志決定を必要とする費用については確定した決算において損金経理を要求している。

これらの事項については損金経理した金額が課税所得の計算の基礎となるものであるから、法人が申告に際して変更して申告調整することは認められない。

（2）税効果会計の導入

企業会計上の利益計算と税法会計上の課税所得計算は、その目的が異なるため、損益の範囲や認識のタイミングの相違により企業会計上の利益と法人税等額が対応しない場合が生じる。

このため、平成14年4月から企業会計上の利益と法人税等額を合理的に対応させるため税効果会計が導入された。

会社法会計、金融商品取引法会計及び税法会計を対比すると次のとおりである。

区分	会社法会計	金融商品取引法会計	税法会計
対象	商人、企業	上場企業等	個人、法人
目的	株主と債権者の保護	投資家の保護	課税の公平性
内容	財産及び損益の開示 配当可能利益の計算	企業会計情報の開示	課税所得及び税額の計算
主たる根拠法令	会社法 同施行令 同施行規則 会社計算規則	金融商品取引法 同施行令 連結財務諸表規則 財務諸表等規則 四半期財務諸表規則	法人税法 同施行令 同基本通達 所得税法 同施行令 同基本通達 租税特別措置法

第3章 工事契約に関する会計基準

① 経緯

　我が国では、従来、請負工事に係る収益の計上基準は、売上高は実現主義の考えに従い、工事完成基準を原則としているが、長期請負工事に関する収益の計上については、工事進行基準又は工事完成基準のいずれかを選択適用することができるとされてきた。

> 【企業会計原則注解注7】工事収益について（損益計算書原則三のBただし書）
> 　長期の請負工事に関する収益の計上については、工事進行基準又は工事完成基準のいずれかを選択適用することができる。
> (1)　工事進行基準
> 　決算期末に工事進行程度を見積り、適正な工事収益率によって工事収益の一部を当期の損益計算に計上する。
> (2)　工事完成基準
> 　工事が完成し、その引渡しが完了した日に工事収益を計上する。

　このため、同じような請負工事でも工事完成基準又は工事進行基準の選択適用ができること、また、工事進行基準を適用する場合であっても、工期及び金額の適用範囲が異なることから、財務諸表間の比較可能性が損なわれていた。

　また、平成20年4月から四半期報告制度が導入されたが、建設業界の請負工事の完成は第4四半期に集中する季節性があることから、工事完成基準のみで収益を計上した場合には、第3四半期まで赤字であるが、第4四半期（本決算）で黒字となる例が生じて、一般投資家にとって判断が難しい

財務情報となることが多かった。

　さらに、国際会計基準等では一定の要件を満たしていれば工事進行基準を適用することから、国際会計基準等との調和を図る必要があった。

　こうした課題に対応するため、企業会計基準委員会は平成19年12月、企業会計基準第15号「工事契約に関する会計基準」及び企業会計基準適用指針第18号「工事契約に関する会計基準の適用指針」を公表した。

② 目的

> **Point** 工事契約会計基準は工事収益及び工事原価に関し、施工者における会計処理及び開示について定めることを目的とする。

　我が国においては、従来、工事契約に関する包括的な会計基準がなかったことから、工事収益については、工事完成基準又は工事進行基準の選択適用及び工期、金額の適用範囲等は企業等が独自に判断していたが、工事契約会計基準の制定により工事利益及び工事原価に関する会計処理と開示の方法が定められた。

　工事契約会計基準は、工事契約の範囲、認識の単位、認識基準、工事進行基準及び工事完成基準の会計処理、工事損失引当金の計上等の工事契約に関する包括的な会計基準を設けて、請負工事契約に係る収益（工事収益）及び原価（工事原価）に関し、施工者における会計処理及び開示方法等を明確にしたものである。

　なお、他の会計基準等において工事契約会計基準と異なる取扱いを定めている場合であっても、工事契約会計基準が優先して適用される。

③ 工事契約の範囲

> **Point** 工事契約とは、仕事の完成に対して対価が支払われる請負契約のうち、土木、建築、造船や一定の機械装置の製造等、基本的な仕様や作業内容を顧客の指図に基づいて行うものをいう。

　一般的には建設業、プラント業、造船重機業等において行われる工事契約であるが、基本的な仕様や作業内容について、顧客の指図に基づいて行う機械装置の製造に係る契約も含まれる。
　また、受注製作のソフトウェアについても工事契約に準じて工事契約会計基準を適用する。

1. 物の引渡しを要する請負契約

　請負契約とは当事者の一方が相手方に対し仕事の完成を約し、相手方がその仕事に対する報酬を支払うことを約することをいう。
　この場合、請負は物の引渡しを要する請負契約と要しない請負契約があり、前者には建設工事などの工事物を引渡す契約が該当し、後者には運送、サービスなどの役務提供による契約が該当する。

　工事契約会計基準でいう工事契約は請負契約のうち建設工事などの工事物を引渡す契約をいう。
　したがって、次のような契約は工事契約の範囲には含まれない。
　(1) 請負契約であっても、専らサービスの提供を目的とする契約
　(2) 工事契約に類似する契約であっても、工事に係る労働サービスの提

供そのものを目的とする契約
(3) 機械装置の製造であっても、標準品を製造する契約（特定の顧客からの受注であっても、主要な部分について仕様の定まったものを量産する場合を含む）
(4) 単に物の引渡しを目的とする契約に付随して行われる移設、据付、試運転等の契約

2. 顧客の指図

工事には土木工事、建築工事等の建設工事のほか、基本的な仕様や作業内容について顧客の指図に基づいて行われる機械装置の製造に係る契約も含まれる。

したがって、次のような契約は、たとえ付随的な部分について顧客に一定の選択が認められていても工事契約に含まれない。
(1) 機械装置の製造であっても標準品を製造する場合
(2) 特定の顧客の注文であっても、あらかじめ主要な部分の仕様の定まったものを量産する場合

3. 移設、据付、試運転

移設、据付、試運転等の作業は
(1) 土木、建築等の工事契約に作業内容の一部として付随的に含まれる場合には一体として工事契約の適用範囲に含まれる。
(2) 単に物の引渡しを目的とする契約に付随してこうした作業を行う場合は工事契約の適用範囲に含まれない。

したがって、企業等は請負契約の内容をよく検討し、当該請負契約が、工

事契約会計基準の適用対象となる工事契約に該当するか否かを判断しなければならない。

④ 工事契約に係る認識の単位

Point
- 工事契約に係る認識の単位は、工事収益及び工事原価の認識に係る判断を行う単位をいう。
- 当事者間で合意された実質的な取引の単位に基づき、その単位ごとに工事契約に係る認識基準を適用する。

　工事収益及び工事原価は、工事契約に係る認識の単位ごとに計上する。一般的には、契約書が実質的な単位となるが、契約書が実質的な単位を反映しない場合には、契約書の合算又は分割をする必要がある。

　また、契約書の金額が少額で工期が短く、かつ、件数が多い場合には、実務上、これらの契約書をまとめて諸口工事等として１つの認識単位とすることがある。

1.取引の実質的な単位

(1) 契約書単位

　工事契約について、当事者間で合意した場合には、通常、契約書が締結されることから、当該契約書が取引の実質的な単位となる場合が多い（会計基準第42項）。

　請負契約は当事者の一方がある仕事を完成することを約し、相手方がその結果に対して報酬を与えることを約することによってその効力を生じる契約をいい（民法第632条）、その報酬請求権は仕事の目的物の引渡しを要する請負にあっては、その引渡しのとき、物の引渡しを要しないときは仕事の完了のときに発生する（民法第633条）。

請負契約の目的物が完成し、相手方に引渡した時に施工者が工事契約を履行し、対価に対する法的な請求権を獲得することから、一般的には、契約書単位が当事者間で合意された実質的な単位となる。

(2) 追加工事等の契約書

本工事について契約書があり1つの認識単位がある場合、発注者の都合等により、追加工事や設計変更工事が生じる場合がある。

これら追加工事や設計変更工事が別の契約書であったとしても、本工事の契約更改に伴う追加工事、本工事の対象物に密接不可分な変更を加える工事、又は増設等する工事であるならば、本工事と合わせて1つの認識単位とする。

2. 実質的な単位を反映しない場合

契約書が当事者間で合意した実質的な単位を適切に反映していない場合には、これを反映するように複数の契約書上の取引を結合し、又は、契約書上の取引の一部をもって工事契約に係る認識の単位とする必要がある（会計基準第7項、42項）。

(1) 契約書の合算

発注者の都合等で複数の契約書を締結したとしても、実質的に密接不可分の関係にある工事の場合には、契約書を合算して1つの認識単位とする必要がある。

ここで密接不可分の関係にある工事とは、例えば、発注者の予算の都合等によりビル建設工事の1階から3階までを1期工事、4階から6階までを2期工事として分割発注された工事のように

- 発注者、施工場所等が同一で工事そのものが関連している
- 本来1つの契約になるべきものが、予算等の都合で別契約になった

等の状況にある工事である。

(2) 契約書の分割

　発注者の都合等で1つの契約書を締結したとしても、実質的には複数の工事から構成されている場合には、契約書を分割して複数の認識単位とする必要がある。

　ここで、実質的に複数の工事から構成されているとは、例えば、発注者の都合等により1つの契約書であるが2棟のマンションを建設し、各棟の対価が定められ、完成引渡し時期が異なっている工事のように

- 契約書のなかでそれぞれの工事の対価が定められている
- それぞれの工事の完成引渡し時期が異なっている
- それぞれの工事の完成引渡しにより、対価を請求することができる

等の状況にある工事である。

3. 諸口工事等

　工事契約に係る認識の単位は契約書単位によるが、契約書の金額が相対的に少額で工期が短く、かつ、件数が多くて、契約書単位で損益管理するほどの重要性がない場合には、実務上、これらの契約書を、いわゆる諸口工事あるいは雑工事として1つの認識の単位としている場合がある。諸口工事等としてまとめて1つの認識単位とした工事は、個々の契約書ごとに原価管理を行わない場合が多く、また、工期が短い工事は金額的な重要性が乏しいばかりでなく、契約書が無い等の工事契約としての性格にも乏しい場合が多いことから、通常は工事完成基準を適用することになる(会計基準第53項)。

⑤ 工事契約に係る認識基準

> **Point** 工事収益総額、工事原価総額、工事進捗度を信頼をもって見積ることができる場合は工事進行基準を適用し、信頼をもって見積ることができない場合は工事完成基準を適用する。

　工事契約については、工事が進行途上であっても、その進捗部分について成果の確実性が認められる場合には、工事進行基準を適用し、認められない場合には、工事完成基準を適用する（会計基準第9項）。

　成果の確実性は請負工事契約においては、工事の完成と完成した物の引渡しを行った時点で法的に対価に対する請求権を獲得したと認められるが、長期の請負工事については施工者が契約上の義務のすべてを果しておらず、法的には対価に対する請求権をいまだ獲得していない状態であっても、一定の条件（投資リスクからの解放）が整えば、会計上はこれと同視しうる程度に成果の確実性が高まり、収益として認識することが適切な場合があるとされた（会計基準第38項～40項）。

1. 工事進行基準の適用

　工事の進捗部分について成果の確実性が認められる場合は、工事進行基準を適用する。

　成果の確実性が認められるためには、決算日までの工事の進捗が最終的に対価に結びつき、

（1）工事収益総額

(2) 工事原価総額
(3) 決算日における工事進捗度（決算日までに成果として確実になった部分の割合）

について信頼をもって見積ることができなければならない（会計基準第9項、46項）。

また、これらの要件を満たす前提として、工事契約に実体がなければならず、工事契約が解約される可能性が少ないこと、又は、途中で解約される可能性があっても進捗部分についてはそれに見合う対価を受け取る確実性が必要となる（会計基準第47項）。

2. 工事完成基準の適用

工事の進捗部分について成果の確実性が認められない場合は、工事完成基準を適用する。

ここで成果の確実性が認められない場合とは
(1) 当事者間で実質的に合意された対価の定めがない
(2) 工事原価管理のための実行予算が未作成や工事原価に関する管理体制が不備
(3) 工事進捗度を把握するための管理体制が不備

等の状況のため、工事収益総額、工事原価総額、工事進捗度を信頼をもって見積ることができないことをいう。

3. 延払基準

法人税法においては、長期割賦販売等の工事請負契約による収益の帰属時期の特例として延払基準がある。

これは契約により工事代金を一定の条件で分割払いで受け取る場合には、完成引渡し時に収益計上しないで、代金の支払期日の到来した賦払金に対応

して収益を計上して、収益等の一部を繰延べる方法である（法法第 63 条）。

　工事契約会計基準においては、工事契約に係る認識基準は工事進行基準又は工事完成基準としたことから、入金の日や代金の回収期限到来の日を基準として工事収益及び工事原価を認識することは認められていない（会計基準第 45 項)。
　このため、会計上は延払基準によって、工事収益を計上することはできない。

⑥ 工事収益総額の信頼性

> **Point**
> - 工事の完成が確実に見込める。
> - 当事者間で実質的に合意した対価の額等の定めがある。

　信頼性をもって工事収益総額を見積るためには、工事完成の確実性と実質的に合意した対価の額等の定めが必要である。

1.工事完成の確実性

　工事収益総額を信頼性をもって見積る前提条件として、工事の完成見込みが確実であることが必要であり、そのためには、施工者に当該工事を完成させる十分な能力があり、かつ、工事の完成を妨げる環境要因が存在しないことが必要である（会計基準第10項、48項）。

(1) 施工能力
　受注した工事を契約通り完成させるためには施工者の技術力及び資金力等が必要であり、こられの能力がある場合には、工事が完成する確実性は高いが、これらの能力のない場合には、工事が途中で中断等することにより、工事が完成する確実性は低くなる。

(2) 環境要因
　施工者に施工能力があったとしても、紛争地域等の工事の場合、予期せぬ事態の発生により、工事が中断等して契約通り完成しないことが予測される

場合がある。

このような状況にある工事は、工事が完成することについて確実性が高いとはいえない。

2．対価の定め

工事収益総額を信頼性をもって見積るためには、工事契約において対価の定めがあることが必要であり、「対価の定め」とは、当事者間で実質的に合意された対価の額、決済条件及び決済方法に関する定めをいう（会計基準第11項）。

ここで、「実質的な合意」については、次のように考えるものと思われる。

(1) 実質的な合意がない

当事者が工事そのものを施工することに合意していないにもかかわらず、単なる見込みや期待に基づいて施工している場合には、実質的な合意があるとはいえない。

また工事を施工することに合意しているが、仕事の内容等といった工事契約の基本的な内容が決まっていないこと及び対価の額を信頼をもって見積ることができない場合も、実質的な合意があるとはいえない。

(2) 実質的な合意がある

工事契約について当事者間で工事を施工することに合意した場合には、通常、契約書等が締結され、請負金額（対価の額）、決済条件及び決済方法が明確になることから、一般的には契約書等があれば、実質的な合意があるといえる。

しかしながら、当事者間の合意の確証としての契約書等がない場合がある

が、「契約」とは当事者間における合意をいうのであり、当該契約に関して契約書等の書面が作成されているか否かを問わないために、工事指示書、見積書、発注者との協議記録等の資料により、当事者間で工事を施工することに合意していることが認められ、かつ、対価の額を信頼をもって見積ることができる状況にあるなら、実質的に合意があると認めてよいと思われる。

　ここで、対価の額を信頼をもって見積ることができるとの判断は、企業の契約書等のない工事の受注管理体制等の内部統制の有効性を評価し、工事指示書、見積書、発注者との協議記録等のほか、発注者と施工者の関係、過去の見積りと実績の差異等を検討して行うものと考えられる。
　したがって、企業の業種の特性、発注者と施工者との関係等から過去の見積りと実績に多額の差異が生じている場合には、対価の額を信頼をもって見積ることができるとはいえない。

3. 管理体制の整備

　工事契約の対価は、通常、契約書等により明確となるが、契約書等がない場合には、企業等は当事者間で実質的に合意があり、対価の額を信頼をもって見積ることができることを立証する必要が生じる。
　このため、企業等は契約書等のない工事の受注計上の業務手続を定め、実質的な合意があると判断した経緯が分かるような資料（工事指示書、見積書、発注者との協議記録、発注者と施工者の関係、過去の見積りと実績の差異等）及び対価の額の見積方法を文書で作成する等の管理体制を整備する必要がある。

⑦ 工事原価総額の信頼性

> **Point**
> - 実行予算の作成、承認をする。
> - 実行予算と実績の対比をする。
> - 実行予算の適時・適切な見直しを行う。

　工事原価総額を信頼をもって見積るためには、工事原価の事前の見積りと実績を対比することにより、適時・適切に工事原価総額の見積りの見直しが行われることが必要である（会計基準第12項）。実務上は、受注した工事を施工するに際しては工事原価の事前の見積りである実行予算を作成し、承認を受けて工事原価総額を見積っている。
　また、工事原価等に関する管理体制の整備が不可欠となる。

1. 実行予算の作成、承認

　受注した工事を施工するためには、工事の種類、仕様、規模等の異なる工事を、異なる場所で施工することから、工事ごとに実行予算を作成し、実行予算の執行に基づいて発生する工事原価を集計して原価管理を行っている。
　この実行予算は、工事の施工計画に基づき、実際の施工管理に役立てるため、工種、工程ごとに作成され、工事の完成に必要な材料費、労務費、外注費、経費を予算化し、工事の目標損益を設定している。
　この実行予算は、工事部門で作成し、支店ないし本社に提出し承認を受けたのち、原則として工事に着工する。
　一般的に実行予算は、工事を受注してから工事に着手するまでの間に作成、承認されなければならない。

しかしながら、受注した工事の規模、難易度、採算が厳しい工事であると採算改善策のための検討、JV工事においてJV構成員が実行予算を承認しない等の理由で実行予算の作成が遅れたり、承認されない場合がある。

実行予算がいつまでも未作成、未承認のまま工事を進捗させることは工事の原価管理として好ましくないために適時に作成、承認する必要がある。

2. 実行予算と実績の対比及び見直し

当初の工事契約はその後の設計変更、追加工事等により工事内容が変更される場合があるため、実行予算の組直し、見直しが必要となる。

また、工事の進捗に伴って発注業者の選定、発注単価の低減、施工方法の見直し、経費の削減等により当初の実行予算と完成予想原価との間に差異が生じることから、その差異を分析して工事原価管理を行っている。

このため、当初の実行予算は工事の進捗に応じて適時・適切に組直し、見直しが必要となる。

3. 管理体制の整備

実行予算は営業部門による損益予測ではなく、工事部門による工事内容の積上げにより作成され、組織的な承認手続がなされる等の実行予算の作成及び見直しが、適時・適切に行われ、また、発生工事原価を計上する手続、例えば、材料費については受払記録の整備、外注費については外注出来高調書の作成及び前渡金や未使用材料に係る管理等が確立され、それらの情報が管理部門に適時に伝達される等の管理体制の整備が不可欠となる（会計基準第50項）。

⑧ 工事進捗度の信頼性

Point
- 工事原価総額の信頼性があるならば原価比例法は工事進捗度を信頼性をもって見積ることができる。
- 工事契約の内容によっては原価比例法以外の方法が認められる。

　原価比例法により工事進捗度を算定するためには実行予算に基づく工事原価総額と発生した工事原価の算定が必要となる。
　また、外注業者に対する発注管理体制及び発生工事原価を計上する管理体制の整備が必要である。

1. 決算日における工事進捗度

　決算日における工事進捗度は工事契約における施工者の履行義務全体のうち、決算日までに遂行した部分の割合をいう（会計基準第35項）。

　算式で示すと次のとおりである。

$$\frac{決算日まで遂行した履行義務}{施工者の履行義務全体}$$

　この施工者の履行義務としては、工事原価総額、工事に要する直接作業総時間、施工総面積等がある。

　工事進捗度を見積る方法として原価比例法を採用する場合、工事原価総額

の信頼性があるならば、通常、決算日における工事進捗度を信頼性をもって見積ることができるとしている（会計基準第13項）。

工事進捗度の見積方法としては、これまで原価比例法が採用されている場合が多いことから工事契約会計基準では、原価比例法を工事進捗度の代表的な見積方法としているが、工事契約の内容によっては、原価比例法以外にもより合理的に工事進捗度を把握することが可能な見積方法がある場合には原価比例法以外の方法を採用することができる（会計基準第15項、56項、適用指針第24項）。

2．原価比例法

(1) 工事進捗度の算定

原価比例法とは、決算日までに実施した工事に関して発生した工事原価が工事原価総額に占める割合をもって決算日における工事進捗度とする方法である（会計基準第6項(7)）。

原価比例法による工事進捗度及び工事収益は次のように算定される。

$$工事進捗度 = \frac{決算日までの発生工事原価}{工事原価総額}$$

$$当期の工事収益 = 工事収益総額 \times 工事進捗度 - 前期までに計上した工事収益$$

なお、通常、工事の実行予算と実績の対比をすることにより、適時・適切に工事原価総額の見直しが行われれば原価比例法による工事進捗度の算定は信頼性があるといえる。

(2) 発生工事原価の調整

原価比例法による場合、発生工事原価が工事原価総額との関係で工事進捗度を合理的に反映しない場合には、発生工事原価の調整が必要となる（会計

基準第 56 項、適用指針第 24 項)。

発生工事原価の調整が必要になるものとして、次のような事項がある。
- 先行して支出される共通仮設設備費等の工事原価は使用期間、工事出来高率等の合理的な方法で調整する。
- 工事出来高に対応しない前渡金等は発生工事原価から除外する。
- 請求書締切日が期末日でない場合には期末日までの工事出来高を発生工事原価に計上する。
- 支払保留金がある場合には、当該保留金を発生工事原価に計上する。

これらの事項が調整されていない場合には、発生工事原価が実態に比べ過大、又は過少となり、結果として工事進捗度を信頼をもって見積ることができないことになる。

3. 原価比例法以外の方法

工事契約の内容によっては原価比例法以外の方法でも工事進捗度をより合理的に把握する方法がある場合には、その方法を適用することができ、例えばとして直接作業時間や施工面積の方がより適切に工事の進捗度を反映しているならば直接作業時間比率や施工面積比率による方法を認めている（会計基準第 57 項）。

- 直接作業時間比率による方法

$$\text{工事進捗度} = \frac{\text{決算日までの直接作業時間}}{\text{直接作業総時間}}$$

- 施工面積比率による方法

$$\text{工事進捗度} = \frac{\text{決算日までの施工面積}}{\text{施工総面積}}$$

これらの方法は、契約書等で工事の直接作業時間や施工面積が明確であり、

工事の施工に応じた直接作業時間や施工面積の把握ができる工事には合理的な方法といえる。

4．管理体制の整備

　原価比例法により工事進捗度の見積りを行う場合には、決算日までの発生工事原価が工事の進捗を適切に示すものでなければならないが、時として原価比例法により算定された工事進捗度と工事部門における施工管理上の工事出来高、あるいは工事工程表の進捗度と大幅に乖離している場合がある。

　このような乖離は、外注業者等に対して注文書等を発行する前に工事に着手させ施工している場合や業者からの請求書が適時に管理部門に伝達されない場合等の工事出来高はあるのに工事原価の発生がないことにより生じるが、工事出来高等との乖離を生じさせないためには外注業者等に対する発注管理体制及び発生工事原価を計上する管理体制の整備が必要である。

⑨ 成果の確実性の事後的な獲得又は喪失

> **Point**
> - 工事進行基準の適用要件を満たさないため工事完成基準を適用していたが、その後適用要件を満たした時は、その時点から工事進行基準を適用する。
> - 工事進行基準の適用要件を満たしていたので工事進行基準を適用していたが、その後適用要件を満たさなくなった時は、その後工事完成基準を適用する。

　工事進行基準の適用要件を満たさないため、工事完成基準を適用している工事契約について、その後、単に工事の進捗に伴って完成が近づいたため成果の確実性が相対的に増したことをもって工事進行基準に変更することは、収益認識の恣意的な操作のおそれがあり適切でないとした（会計基準第55項）。

　ただし、長期に及ぶ工事契約においては、成果の確実性が事後的に変動する場合があるとして次のように取り扱うこととした。

1. 獲得

　当初に、成果の確実性が認められないため、工事進行基準を適用できないケースの中には、本来、工事の着手に先立って定められるべき工事収益総額や仕事の内容等の工事契約の基本的な内容の決定が遅れるような場合もある。

　このような場合は、その後、これらの適用要件が満たされた時点から工事進行基準を適用することになる（適用指針第3項、14項）。

(1) 工事収益総額の信頼性

施工者は発注者との間で契約書等を締結したのちに、工事に着手しなければならないが、施工者と発注者の関係から、工事を施工することは合意しているが、対価の額について実質的な合意がないのに工事に着手する場合がある。

このような場合、「対価の定め」の要件を満たしているとはいえず、工事収益総額を信頼をもって見積ることはできないため、工事完成基準を適用することになる。

しかしながら、その後、契約書等の締結や、対価の額を信頼をもって見積ることができるようになり、「対価の定め」の要件を満たした時には、工事収益総額を信頼をもって見積ることができるから、その時点で事後的に、工事進行基準の適用要件を獲得したことになる。

(2) 工事原価総額の信頼性

工事原価総額を信頼をもって見積るための実行予算は工事を受注してから工事に着手するまでの間に作成、承認されなければならないが、受注した工事の規模、難易度、採算が厳しい工事等により実行予算の作成、承認が遅れる場合がある。

このような場合、実務的には工事の工程等の都合で施工者は実行予算の作成、承認なしで施工している場合があるが、このような状態では当該工事については工事原価総額を信頼をもって見積ることはできないため、工事完成基準を適用することになる。

しかしながら、その後、実行予算が作成、承認された時には、工事原価総額を信頼をもって見積ることができることから、その時点で事後的に工事進行基準の適用要件を獲得したことになる。

(3) 過年度対応額の取扱い

成果の確実性の事後的な獲得により、工事完成基準を適用していた工事契

約について工事進行基準を適用することになった場合、過年度対応する工事収益及び工事原価は成果の確実性を事後的に獲得した期に、経常損益の部に計上するものと考えられる。

これは、工事進行基準が適用される場合において、工事収益総額、工事原価総額又は工事進捗度の見積りが変更された時はその見積りの変更が行われた期に影響額を損益として処理する（会計基準第16項、58項）こと、及び、工事契約会計基準では企業等の経営活動の成果を工事収益及び工事原価として総額を経常損益の部に表示する実務上の考え方を重視していることから認められると考えられる。

2. 喪失

当初に成果の確実性が認められ、工事進行基準を適用していた工事契約について予期せぬ事後的な事情の変化により成果の確実性が失われた場合には、工事進行基準の適用要件を満たさなくなるため、その時点以降は、工事完成基準を適用することになる（適用指針第4項、16項）。

(1) 工事完成の確実性

工事収益総額を信頼をもって見積る前提条件として工事の完成見込みが確実であることが必要である（会計基準第10項、48項）が予期せぬ事態の発生（紛争、事故及び技術的問題等による工事の中断等）により工事の完成の見通しがたたない場合には、工事収益総額を信頼をもって見積る前提条件が失われたため、その時点以降は、工事完成基準を適用することになる。

(2) インフレ等による工事収益総額等の見積りの信頼性

当初は成果の確実性が認められた工事契約について、その後、経済情勢が激変し、資材、人件費等が高騰して工事損益管理が困難となる場合がある。

このような場合、工事収益総額及び工事原価総額について発注者及び外注

業者等と交渉を重ねることとなるが、その間は、工事収益総額及び工事原価総額を信頼をもって見積ることは困難となるため、その時点以降は、工事完成基準を適用することになる。

なお、事後的な事情の変化が成果の確実性を失わせることになるかは慎重に検討する必要があり、例えば、為替相場の変動は工事収益総額及び工事原価総額の見積りに影響を及ぼすが、必ずしも成果の確実性を失わせることにはならない（適用指針第 19 項）。

(3) 過去の会計処理の取扱い

成果の確実性の事後的な喪失により、工事完成基準を適用することとなった場合に、原則として当該工事契約の過去の会計処理に影響を及ぼさない（適用指針第 4 項）。

事後的にみれば、当初認められた成果の確実性が失われた以上、それまでに計上した工事収益及び工事原価を修正するという見方もあるが、事後的な事情の変化は会計事実の変化と考え工事収益及び工事原価を計上した時点で成果の確実性が認められていたとすれば工事収益及び工事原価の認識に問題はなく、事後的な修正は必要ないとした（適用指針第 17 項）。

⑩ 短期・小規模工事の取扱い

> **Point** 短期・小規模工事は工事完成基準を適用できる。

　短期・小規模工事については金額的重要性が乏しいことから工事完成基準を適用したとしても著しく期間損益を歪めることはないと考えられる。

1. 短期工事

　工事契約会計基準では、国際会計基準との調和及び四半期報告制度の導入による、より適時な財務情報の提供への関心の高まりから、長期の請負工事でなくとも会計期間をまたぐ工事については工事進行基準を適用すべき場合があると考え、工事契約に係る認識基準を識別する上で、特に工期の長さに言及していない（会計基準第52項）。

　しかし、工期がごく短いものは、通常、金額的重要性が乏しいばかりでなく、工事契約としての性格も乏しい場合が多いと想定されることから、通常、工事進行基準を適用する必要はなく、工事完成基準を適用する（会計基準第53項）とし、工期が1年以下の工事契約についても工事進行基準を適用すべき場合があるとしているが、反面、工期がごく短いものは工事進行基準の適用は必要ないとしている。

　このことから、「工期がごく短い」工事契約については工事完成基準を適用すること認めていると考えられ、その場合の「工期がごく短い」については、企業等の業種、規模及び損益等に与える影響を考慮し、各企業等において判断することになる。

2．小規模工事

　小規模工事は金額的重要性が乏しいことから工事請負契約書、注文書等が無い場合や実行予算の作成、実行予算管理を行わない場合がある等の企業等が工事進行基準を適用しうる管理体制を備える必要性を認めないような工事契約がある。これら小規模工事は諸口工事あるいは雑工事と称され、工事進行基準の適用要件を満たさないことから、工事完成基準が適用される。

　しかしながら、企業等によっては、小規模工事についても工事進行基準を適用する要件を満たしている場合があるが、これらの小規模工事については工事完成基準を適用しても工事進行基準を適用した場合と比較して著しく期間損益を歪めることはないと考えられ、また、小規模工事に工事進行基準を適用することになれば、企業等に過重の負担を強いることになる。

　このため、小規模工事については、工事進行基準を適用せず、工事完成基準を適用することを認めていると考えられ、その場合の「小規模工事」については、企業等の業種、規模及び損益等に与える影響を考慮して各企業等において判断することになる。

⑪ 工事進行基準の会計処理

Point
- 工事収益総額、工事原価総額及び決算日における工事進捗度により当期の工事収益及び工事原価を計上する。
- 工事収益総額、工事原価総額又は工事進捗度の見積りが変更されたときは、変更が行われた期に影響額を損益として処理する。
- 工事進行基準の適用により計上される未収入額は金銭債権として取扱う。

　工事進行基準とは、工事契約に関して、工事収益総額、工事原価総額及び工事進捗度を合理的に見積り、これに応じて当期の工事収益と工事原価を認識する方法をいう。

　なお、工事収益総額、工事原価総額及び工事進捗度の見積りが変更されたときには、変更した期に影響額を処理する。

　また、工事進行基準の適用により計上される未収入額は、法的債権ではないが、会計上は法的債権に準ずるものとして金銭債権として取扱うこととされた。

1. 工事収益及び工事原価の計上

　工事進行基準を適用する場合は工事収益総額、工事原価総額及び決算日における工事進捗度を合理的に見積り、これらを基礎として次のように工事収益及び工事原価を算定して損益計算書に計上する。

> 当期の工事収益＝工事収益総額×工事進捗度－前期までに計上した工事収益

> 当期の工事原価＝工事原価総額×工事進捗度－前期までに計上した工事原価

　また、発生した工事原価のうち、いまだ完成工事原価として計上されていない部分については「未成工事支出金」等の科目で貸借対照表に計上する。

2．見積りの変更

　工事進行基準が適用される場合には、工事収益総額、工事原価総額及び決算日における工事進捗度の見積りが必要になるが、本工事に係る追加工事や設計変更等により、これらの見積りが変更されたときは、その見積りの変更が行われた期にその影響額を損益として処理する。

(1) 工事収益総額の見積りの変更

　本工事を施工している過程において、当事者間の新たな合意により、既存の工事契約について、密接不可分な追加工事や設計変更等が生じ、対価の定めが変更される場合がある。

　そのような場合には、当事者間で実質的に合意され、かつ、合意の内容に基づいて対価の額を信頼をもって見積ることができることとなった時点で工事収益総額に含めるものとする（適用指針第5項）。

　なお、追加工事を実施することが合意されたにもかかわらず、これに対応する対価を請求できるか否か不明の場合、全体の工事収益総額についても信頼性をもって見積ることができず、成果の確実性が失われたのではないかとする意見があるが、対価の変更が合意されるまでは、現在の対価についての合意が有効であると考えられ、それまで工事進行基準を適用していた工事契約については、現在の合意に基づく工事収益総額により、引き続き工事進行基準を適用する（適用指針第21項）。

(2) 工事原価総額の見積りの変更

　工事原価総額を信頼をもって見積るためには実行予算を作成することが必要となるが、本工事に係る追加工事や設計変更等により実行予算の見直しが必要になる。

　また、工事の進捗に伴って施工方法の見直し、発注業者の選定、発注単価の低減、経費削減等により、当初の実行予算と完成予定時の工事原価総額との間に差異が生じてくる。

　このため、当初の工事原価総額の見積りは追加工事、設計変更等のほか工事の進捗に応じて適時に変更する必要がある。

(3) 工事進捗度の見積りの変更

　工事進捗度を見積る方法として原価比例法によっている場合、工事原価総額の見積りの変更が行われると工事進捗度の見積りに変更が生じる。

3. 工事進行基準の適用により計上される未収入額

　工事進行基準の適用により計上される未収入額は、法的にはいまだ債権ではないが、会計上は法的債権に準ずるものとし金銭債権として取扱う。

(1) 法的性格

　請負契約とは契約当事者の一方が仕事を完成することを約し、相手方がその仕事の結果に対して報酬を与えることを約することにより、その効力を生じる契約をいい（民法第632条）、その報酬請求権は仕事の目的物の引渡しを要する請負にあっては、その引渡しの時、物の引渡しを要しないときは仕事の完了の時に発生する（民法第633条）。

　工事契約の場合は、請負契約の目的物が完成し、相手方に引渡した時点で請負契約が完了して、法律上は請負代金の請求権が生じ、会計上も金銭債権となる。

このため、工事進行基準の適用により計上される未収入額は工事がいまだ完成引渡しされていないため法的には請負代金の請求権は生じていない。

(2) 会計上の取扱い

　企業会計原則で、工事進行基準が認められているのは法的には対価に対する請求権をいまだ獲得していない状態であっても、会計上はこれと同視し得る程度に成果の確実性が高まり、収益として認識することが適切な場合があるためと考えられる（会計基準第39項）。

　工事進行基準は、法的には対価に対する請求権をいまだ獲得していない状態であるが、会計上は対価に対する請求権を獲得したと同視し得る程度に成果の確実性が高まった場合、これを収益として認識するものであり、この場合の未収入額は会計上は法的債権に準ずるものと考えられることから、金銭債権として取扱うこととされた。

① 入金処理

　工事進行基準の適用による未収入額は金銭債権でないとしていた時には、当該未収入額の入金があった場合に未収入額から減額しないで翌期に洗い替え処理している場合があった。

　しかしながら、当該未収入額を金銭債権として取扱うことにしたため入金した場合には入金相当額を計上されている未収入額から減額することになる。

② 金融商品会計基準の適用

　工事進行基準の適用による未収入額を金銭債権として取扱うことにしたため金融商品会計基準が適用される。

　このため、当該未収入額についても金融商品会計上の債権として発注者の財政状態及び経営成績等に応じて、一般債権、貸倒懸念債権等に区分し、その区分ごとに貸倒見積高の算定が必要になる。

③ 「外貨建取引等会計処理基準」の適用

工事進行基準の適用による未収入額を金銭債権として取扱うことにしたため「外貨建取引等会計処理基準」が適用される。

このため当該未収入額が外貨建てである場合には、決算時の為替相場による円換算額を付すことになり、決算時における換算差額及び外貨建債権の決済に伴って生じた損益は、原則として、為替差損益として処理する。

⑫ 工事完成基準の会計処理

> **Point** 工事が完成し、引渡しを行った時点で工事収益及び工事原価を計上する。

　工事完成基準とは工事契約に関して工事が完成して、目的物の引渡しを行った時点で工事収益及び工事原価を認識する方法をいう。

　企業会計原則注7.「工事収益について」において工事完成基準は「工事が完成し、その引渡しが完了した日に工事収益を計上する。」としていることから、工事完成基準とは、工事が完成しただけでなく、引渡しが完了することをもって収益を計上する基準である。

　また、工事が完成し、引渡しが完了していない工事に要した発生原価については完成、引渡しするまで工事原価を集計する勘定である「未成工事支出金」等の科目で貸借対照表に計上する。

⑬ 工事損失引当金

> **Point**
> - 工事原価総額が工事収益総額を超過する可能性が高く、金額を合理的に見積ることができる場合は工事損失引当金を計上する。
> - 工事進行基準及び工事完成基準にかかわらず、また、工事の進捗程度にかかわらず適用する。

　政策的な受注や追加原価等の発生で工事損失が生じる可能性が高く、金額を見積ることができる場合は、工事進行基準及び工事完成基準、また、工事の進捗程度にかかわらず工事損失引当金を計上する。

1. 工事損失の発生原因

　受注した工事で損失が生じる原因は主に次による場合が多い。

(1) 政策的な受注

　工事を受注する場合の背景として、新規受注先の獲得、新工法で技術的経験を積む、シンボル的な工事を受注して広告宣伝効果を得る等の経営政策上の判断から工事の採算を度外視して受注する場合があり、このような工事は、受注当初から損失が見込まれ、その後の現場の改善努力によっても回復することができない場合が多い。

(2) 追加原価等の発生

　当初の実行予算での工事原価の見積り誤り、設計ミス、クレームの発生、

事故による工事の中断、資材及び労務費の値上り等による追加原価の発生、また、設計変更、追加工事等で工事を施工したが、発注者の予算の都合等で請負金がもらえなかったこと等により損失が生じる場合がある。

2. 工事損失引当金の計上

工事損失引当金は、工事契約について工事原価総額等が工事収益総額を超過する可能性が高く、かつ、その金額を合理的に見積ることができる場合には、その超過すると見込まれる額（工事損失）を計上し（会計基準第19項）、工事契約に係る認識基準が工事進行基準であるか工事完成基準であるかにかかわらず、また、工事の進捗度にかかわらず適用される（会計基準第20項）。

一般的に、実行予算が作成、承認され、工事損益管理を行っている場合には、工事原価総額の信頼性があるため工事損益を合理的に見積ることができる。

しかしながら、実行予算が作成、承認されていない場合には、工事損益を合理的に見積ることは困難となる場合が多いが、実行予算が作成、承認されていないことのみを理由として、工事損失引当金の計上を行わないことは適当ではない。

実行予算が未作成、未承認であっても、工事を受注するための積算（元積り）を行い、その採算性について一定の検討を行っていることから、実行予算の作成、承認がなくても、明らかに損失が見込まれる工事（政策的に受注したため多額の損失が見込まれ、回復見込みのない工事等）については、工事損失引当金の計上が必要となる。

3. 工事損失引当金における重要性

工事損失引当金を計上するに当たっては、企業等の規模及び損益等に与え

る影響の重要性を考慮することができると考えられる。
　この重要性としては、工事の請負金額の重要性でなく、損失見込額の重要性の観点から、企業等の規模及び損益等により一定金額以上の損失工事を対象とする等が考えられる。
　ここで重要性が考慮されるのは、
(1) 工事損失引当金は損失の発生の可能性が高い工事について、その損失見込額を見積って計上しているため、結果として、工事の完成時にその見積りに誤差が生じている場合が多い
(2) 一工事ごとの損失見込額が少額の場合は、それらの損失見込額の合計金額に重要性がない場合が多い

等による。
　しかしながら、一工事ごとの損失金額が少額でも、損失工事の件数が多く、それらの損失見込額の合計額に重要性がある場合には、工事損失引当金を計上する必要があると考えられる。

⑭ 開示

1. 表示

> **Point**
> 損益計算書　工事損失引当金繰入額は売上原価に計上する。
> 貸借対照表　● 工事損失引当金は流動負債として計上する。
> ● 同一の工事契約に関する棚卸資産と工事損失引当金は相殺表示できる。

　工事契約会計基準は、工事損失引当金の損益計算書及び貸借対照表の表示について定めている。貸借対照表の表示では工事損失引当金は流動負債に計上するが、同一の工事契約に関する棚卸資産と工事損失引当金がともに計上される場合は相殺して表示することができる。

(1) 損益計算書

　工事損失引当金の繰入額は、売上原価に計上する（会計基準第21項）。

　これは、損失見込額について工事損失引当金を計上していなければ、将来、当該工事が完成した時に、完成工事原価で処理されることから、損益計算書上の表示箇所の整合性がとれ、また、工事損失引当金を未成工事支出金の評価の問題とする考え方では、収益性の低下による簿価の切下げ額は売上原価で処理することとも整合する。

　なお、工事損失（工事損失引当金繰入額を含む）が
　① 地震、水害等の災害
　② 地域紛争、政治的混乱等による工事からの撤退

等の臨時の事象に起因し、かつ、異常に多額の場合には、特別損失処理が認められると考えられる。

これは、企業会計原則注解注12「特別損益項目について」及び棚卸資産会計基準第17項において、災害損失等の臨時の事象に起因し、かつ、多額である場合には特別損失に計上することを認めていることから、建設業の主たる棚卸資産である未成工事支出金についても同様の取扱いができるものと考えられる。

(2) 貸借対照表

① 工事損失引当金の残高は、流動負債に計上する（会計基準第21項）。

工事損失引当金は、工事の受注、未成工事支出金、完成工事高という企業等の主目的である営業循環過程にある取引に係る引当金であることから完成まで長期間（1年以上）かかる工事であっても流動負債で計上する。

また、同一の工事契約に関する棚卸資産と工事損失引当金がともに計上され、相殺せず両建てで表示した場合にはその旨、及び棚卸資産の額のうち工事損失引当金に対応する額を注記することが求められた（会計基準第22項(4)①）。

工事損失引当金の計上を求める趣旨は棚卸資産会計基準でいう棚卸資産の収益性の低下を反映する会計処理の趣旨と共通していると考えられる。

しかし、棚卸資産会計基準は必ずしも工事損失の会計処理を念頭に置いて定められたものではないため、実務上の負担を回避しつつ、必要な情報が得られるよう両建てで表示した場合には、上記の注記が必要となる（会計基準第66項、67項）。

② 相殺表示

同一の工事契約に関する棚卸資産と工事損失引当金がともに計上され

る場合には、相殺して表示することができる（会計基準第21項、なお書）。

　これは、海外の会計基準等において、工事損失引当金を棚卸資産の評価の問題として取扱い棚卸資産から控除する考え方があること、また、工事損失引当金の計上が棚卸資産会計基準の棚卸資産の簿価の切下げを求める趣旨と共通していること等から相殺して表示することも認めたと考えられる。

　ただし、この場合においても、棚卸資産と工事損失引当金が総額で表示した場合と同じ情報が提供される必要があると考え、棚卸資産と工事損失引当金を相殺している旨、及び相殺表示した棚卸資産の額の注記が必要となる（会計基準第22項(4)②、68項）。

2．注記事項

Point
- 工事契約に関する認識基準
- 工事進捗度を見積る方法
- 当期の工事損失引当金繰入額
- 同一の工事契約につき棚卸資産と工事損失引当金の両方が計上される場合の注記

　工事契約に関する注記としては上記の項目が求められており、記載例としては下記の記載が考えられる。

(1) 工事契約に関する認識基準及び工事進捗度の見積方法

（重要な会計方針）
　完成工事高及び完成工事原価の認識基準
　　　当期末までの進捗部分について成果の確実性が認められる工事契約については工事進行基準を適用し、その他の工事契約につい

> ては工事完成基準を適用している。
> 　工事進行基準を適用する工事の当期末における進捗度の見積りは、原価比例法によっている。

なお、原価比例法以外の方法（例えば、施工面積比率法）によっている場合には、その方法を記載する。

(2) 当期の工事損失引当金繰入額

> （損益計算書関係、売上原価の注記）
> 　売上原価に含まれる工事損失引当金繰入額は〇〇百万円である。

(3) 同一の工事契約に関する棚卸資産と工事損失引当金がともに計上されている場合

> （貸借対照表関係　未成工事支出金及び工事損失引当金の注記）
> 　① 　両建て表示の場合
> 　　　損失の発生が見込まれる工事契約に係る未成工事支出金と工事損失引当金は、相殺せずに両建てで表示している。
> 　　　損失の発生が見込まれる工事契約に係る未成工事支出金のうち、工事損失引当金に対応する額は〇〇百万円である。
>
> 　② 　相殺表示の場合
> 　　　損失の発生が見込まれる工事契約に係る未成工事支出金は、これに対応する工事損失引当金〇〇百万円を相殺して表示している。

第4章 工事収益（完成工事高）の計上

① 工事収益の認識基準の相違による影響

> **Point** 工事進行基準は施工による経営活動の成果を反映して期間損益を算定できる。

　同一工事であっても、工事進行基準を適用する場合と工事完成基準を適用する場合では期間損益が異なり、工事進行基準は各期の施工による経営活動の成果を反映することができる。

　我が国では、これまで長期の請負工事に関する収益の計上については、工事進行基準又は工事完成基準のいずれかを選択適用することができた（企業会計原則　注解7）。

　しかしながら、工事契約会計基準の制定により、工事収益の認識基準は、工事が進行途上にあっても、その進捗部分について成果の確実性が認められる場合には、工事進行基準を適用し、成果の確実性が認められない場合には、工事完成基準を適用するとして、工事期間の長さではなく、工事契約の成果の確実性が認められるか否かで工事収益の認識基準を定めている。

　ここで、同一工事について、工事進行基準を適用する場合と工事完成基準を適用する場合の損益計算書に与える影響を設例によって比較すると次のようになる。

<設例:工事進行基準と工事完成基準の影響>

前提条件	工事収益総額	1,000
	工事原価総額	900
	工事利益	100
	工期	2年
	工事進捗度	原価比例法
	1年度	40%
	2年度	100%

①工事進行基準の場合

区分	1年度	2年度	合計
完成工事高	(*1) 400	(*2) 600	1,000
完成工事原価	360	540	900
工事利益	40	60	100

(*1) 1,000×40%=400
(*2) 1,000×100%-400=600

②工事完成基準の場合

区分	1年度	2年度	合計
完成工事高	0	1,000	1,000
完成工事原価	0	900	900
工事利益	0	100	100

　この設例によれば、工事進行基準の場合、工事収益(完成工事高)は、1年度400、2年度600計上されるのに対して、工事完成基準の場合、工事収益(完成工事高)は、1年度では計上されず、2年度で一括して1,000計上される。
　このため、工期が数期にわたる工事を施工する場合には、工事進行基準では各期の施工による経営活動の成果を反映して期間損益を算定することがで

きるが、工事完成基準では、工事が完成引渡した期に工事収益(完成工事高)を一括して計上するため、各期の施工による経営活動の成果を計上せず各期では期間損益が算定されなくなる。

② 工事進行基準

> **Point** 工事収益総額、工事原価総額及び決算日における工事進捗度を合理的に見積り、当期の工事収益及び工事原価を計上する。

工事請負契約では、完成引渡しを行った時点で法的な請求権が生じるが、工事が進行途上であっても、進捗部分について成果の確実性が認められる場合には、会計上は請求権を獲得したとして工事進行基準により工事収益及び工事原価を計上する。

1. 会計処理

工事進行基準とは、工事契約に関して、工事収益総額、工事原価総額及び決算日における工事進捗度を合理的に見積り、当期の工事収益及び工事原価を計上する方法をいう。

工事進行基準は工事の完成と完成した物の引渡しを目的とする工事請負契約において、いまだ完成していないため契約上の義務を果たしておらず、法的には対価の請求権を獲得していないが、会計上は対価の請求権を獲得したと同視し得る程度に成果の確実性が高まった場合に、これを収益として認識するものである。

工事進行基準を適用する場合には
　　工事収益総額
　　工事原価総額
　　決算日における工事進捗度

を合理的に見積り、これらを基礎として、次のように当期の工事収益及び工事原価を算定して損益計算書に計上する。

当期の工事収益＝工事収益総額×工事進捗度－前期までに計上した工事収益

当期の工事原価＝工事原価総額×工事進捗度－前期までに計上した工事原価

また、発生した工事原価のうち、いまだ完成工事原価として計上されていない部分については「未成工事支出金」等の科目で貸借対照表に計上する。

＜設例：工事進行基準による会計処理＞

前提条件　　工事収益総額　　　1,000
　　　　　　工事原価総額　　　　900
　　　　　　工事利益　　　　　　100
　　　　　　工期　　　　　　　　2年
　　　　　　工事進捗度　　　原価比例法

区分	1年度	2年度
工事収益総額	1,000	1,000
当期発生工事原価	360	540
原価調整額	△　18	＋　18
調整後発生工事原価	342	558
発生工事原価累計	342	900
工事原価総額	900	900
工事利益	100	100
工事進捗度	38％	100％

<1年度の会計処理>

① 請負金　1,000　工期　2年　の工事契約を締結した。

工事収益総額、工事原価総額、工事進捗度を信頼をもって見積ることができるため工事進行基準を適用する。

仕訳なし

② 発注者から工事代金200を現金で受領した。

（借）	現金	200	（貸）	未成工事受入金	200

③ 材料費、労務費、外注費、経費の合計310を現金で支払い、また、外注費50を未払計上した。

（借）	未成工事支出金	360	（貸）	現金	310
				工事未払金	50

④ 発生工事原価のうち未使用材料　18　を材料貯蔵品勘定に振り替えた。

（借）	材料貯蔵品	18	（貸）	未成工事支出金	18

⑤ 材料貯蔵品勘定に振り替え後の発生工事原価と工事原価総額に基づき工事進捗度を算定する。

$$工事進捗度 = \frac{調整後発生工事原価}{工事原価総額} = \frac{342}{900} = 38\%$$

⑥ 工事進捗度に基づき工事収益及び工事原価を計上する。

工事収益＝工事収益総額×工事進捗度＝1,000×38％＝380

（借）	完成工事未収入金	180	（貸）	完成工事高	380
	未成工事受入金	200			

工事原価＝工事原価総額×工事進捗度＝900×38％＝342

（借）	完成工事原価	342	（貸）	未成工事支出金	342

＜1年度の財務諸表（抜粋）＞

損益計算書

完成工事高	380
完成工事原価	342
工事利益	38

貸借対照表

完成工事未収入金	180	工事未払金	50
未成工事支出金	0	未成工事受入金	0
材料貯蔵品	18		

＜2年度の会計処理＞

① 未使用材料 18 を発生工事原価に振り戻した。

（借）	未成工事支出金	18	（貸）	材料貯蔵品	18

② 工事未払金50を現金で支払った。

（借）	工事未払金	50	（貸）	現金	50

③ 発注者から工事代金 300 を現金で受領した。

| （借） | 現金 | 300 | （貸） | 完成工事未収入金 | 180 |
| | | | | 未成工事受入金 | 120 |

④ 材料費、外注費、労務費、経費の合計 500 を現金で支払った。

| （借） | 未成工事支出金 | 500 | （貸） | 現金 | 500 |

⑤ 工事の完成にあたり、外注費 40 を未払計上した。

| （借） | 未成工事支出金 | 40 | （貸） | 工事未払金 | 40 |

⑥ 工事が完成し引渡したため工事収益及び工事原価を計上する。

工事収益＝工事収益総額×工事進捗度－前期までに計上した工事収益
　　　　＝1,000×100％－380＝620

| （借） | 完成工事未収入金 | 500 | （貸） | 完成工事高 | 620 |
| | 未成工事受入金 | 120 | | | |

工事原価＝工事原価総額×工事進捗度－前期までに計上した工事原価
　　　　＝900×100％－342＝558

| （借） | 完成工事原価 | 558 | （貸） | 未成工事支出金 | 558 |

<2年度の財務諸表（抜粋）>

損益計算書

完成工事高	620
完成工事原価	558
工事利益	62

貸借対照表

完成工事未収入金	500	工事未払金	40
未成工事支出金	0	未成工事受入金	0

<各年度の損益計算書>

各年度の損益計算書は次のとおりで、工事進捗度にかかわらず工事利益率は10%となる。

区分	1年度	2年度	合計
完成工事高	380	620	1,000
完成工事原価	342	558	900
工事利益	38	62	100
工事利益率	10%	10%	10%

2. 工事収益総額

> **Point** 信頼性をもって工事収益総額を見積るためには、「工事完成見込みの確実性」と「対価の定め」が必要である。

「対価の定め」は、通常、契約書等により請負金額等が明確になるが、契約書等が締結されず、請負金額が未確定の場合には工事指示書、工事見積書等により合理的に見積る。

(1) 工事収益総額の信頼性

① 工事完成見込みの確実性

施工者に工事を完成させるための技術力及び資金力等があり、かつ、工事の完成を妨げる環境要因が存在しないことが必要である。

② 対価の定め

発注者と施工者の間で実質的に合意された対価の額に関する定めがある。

通常は、工事請負契約書が締結され、請負金額、決済条件及び支払方法等が明確になることから、一般的には契約書があれば実質的な合意があるといえる。

(2) 請負金額

発注者と施工者の間で工事を施工することを合意した場合、通常は工事請負契約書が締結され、工事の請負金額は契約書に記載された金額となる。

なお、工事請負契約書を締結せずに、注文書、発注書等による場合があるが、それらの書類に記載された金額が請負金額となる。

(3) 請負金額が未確定の場合

発注者と施工者の間で工事を施工することに合意はしているが工事請負契約書等が締結されていない場合がある。

契約とは、当事者間における合意をいうのであり、当該契約に関して契約書等の書面が作成されているのか否かを問わないため、必ずしも契約書等があることが必要とされていない。

契約書等がない場合であっても当事者間で工事の仕様等の基本的な内容が決まり、施工することに合意している場合には、工事指示書、工事見積書、発注者との協議記録等により請負金額を合理的に見積ることが必要となる。

未確定の請負金を見積計上した場合、翌事業年度以降で契約書等の締結に

より確定した請負金額との増減差額は確定の日を含む事業年度の完成工事高に含めて計上する。

企業会計原則　注解12　は、このような見積りによる増減差額を前期損益の修正として特別損益とすることを原則としているが、金額の僅少なもの、又は、毎期経常的に発生するものは経常損益に含めることができるとしている。

建設業においては、このような増減差額は毎期経常的に発生するものであり、金額的にも僅少であることから完成工事高に含めて計上する。

(4) 値増金

発注者との契約において、資材等の急激な価格変動が生じた場合や工期が短縮できた場合に一定の値増金を支払う旨の特約を行っていることがある。

- スライド条項
    賃金、物価水準の変動又は特定の主要な材料の急激な価格変動により、当初の請負金額が不適当になったことによる値増金
- 工期短縮
    発注者の都合で工期の短縮が求められた場合に、施工者が負担する工事費の増加を補償するための値増金

これらの値増金は

① 契約において、値増金の算定方法等が定められており、値増金の金額が計算できる場合は、完成引渡した日の属する事業年度で計上する。
② 契約において、値増金の特約はあるが、発注者との協議による場合は、発注者と施工者の協議によりその金額が確定した事業年度に計上する。

(5) 工事の損益計算の単位

工事の損益計算の単位は原則として請負契約ごとに行う。

ただし、契約書等の金額が相対的に少額で、工期が短く、かつ件数が多くて、契約書単位で損益管理するほどの重要性がない場合には、いわゆる諸口工事あるいは雑工事としてグルーピングして損益計算する場合がある。

本工事について、その後発注者の都合等により、追加工事等が生じる場合があるがその取扱いは次による。

① 原契約の更改

契約の更改に伴う追加工事等は、原契約の工事と一括して損益計算する。

② 別個の契約

別個の契約による追加工事等は、原則として原契約と別にして損益計算する。

ただし、別個の契約であっても工事内容が本工事の対象物に密接不可分な変更を加える工事、又は密接不可分なものを増設する工事等であるならば原契約の工事と一括して損益計算を行う。

3. 工事原価総額

> **Point** 信頼性をもって工事原価総額を見積るためには、実行予算の作成、承認及び適時・適切な見直しが必要である。

工事原価総額について見積りの信頼性を認めるためには、実行予算や工事原価等に関する管理体制の整備が不可欠となる。

(1) 工事原価総額の信頼性

信頼性をもって工事原価総額を見積るためには、工事原価の事前の見積りと実績を対比することにより、適時・適切に工事原価総額の見積りの見直しが行われることが必要であり、実務上は、受注した工事を施工するに際しては工事原価の事前の見積りである実行予算を作成して工事原価総額を見積っている。

(2) 実行予算の作成、承認

受注した工事を施工するためには、工事ごとに実行予算を作成し工事原価総額を見積り、工事の施工に伴い発生する工事原価を集計して原価管理を行っている。

この実行予算は、実際の施工管理に役立てるため、工種、工程ごとに作成され、工事の完成に必要な材料費、労務費、外注費、経費を予算化し、工事の目標損益を設定している。

この実行予算は、工事部門で作成し、支店ないし本社に提出し承認を受けたのち、原則として工事に着工する。

したがって、実行予算が作成され、承認されたときに、工事の損益を信頼をもって見積ることができる。

一般的に実行予算は、工事を受注してから工事に着手するまでの間に作成、承認されなければならない。

(3) 実行予算の組直し、見直し

当初の工事契約はその後の設計変更、追加工事等により工事内容が変更される場合があるため、実行予算の組直し、見直しが必要となる。

また、工事の進捗に伴って発注業者の選定、発注単価の低減、施工方法の見直し、経費の削減等により当初の実行予算の工事原価総額と完成予想原価との間に差異が生じてくる。

このため、当初の実行予算は工事の進捗に応じて適時・適切に組直し、見

直しが必要となる。

4. 工事進捗度

> **Point** 工事原価総額に信頼性があるならば、原価比例法は工事進捗度を信頼性をもって見積ることができる。

　原価比例法により工事進捗度を算定するためには工事原価総額を信頼をもって見積るための実行予算の作成と発生した工事原価の適正な算定が必要となる。

(1) 工事進捗度の見積方法
　工事進捗度を見積る方法として原価比例法を採用する場合、工事原価総額の信頼性があるならば、通常、決算日における工事進捗度を信頼性をもって見積ることができる。

　原価比例法は工事進捗度の代表的な見積方法であるが、工事契約の内容によっては、原価比例法以外にもより合理的に工事進捗度を把握することが可能な見積方法がある場合にはその方法を採用することができる。

(2) 原価比例法
① 工事進捗度の算定

　　原価比例法とは、決算日までに実施した工事に関して発生した工事原価が工事原価総額に占める割合をもって決算日における工事進捗度とする方法である。

　　原価比例法による工事進捗度は次のように算定される。

$$工事進捗度 = \frac{決算日までの発生工事原価}{工事原価総額}$$

　工事進捗度の算定にあたっては、工事原価総額を信頼をもって見積るため

の実行予算の作成と決算日までに発生した工事原価の適正な算定が必要となる。

② 発生工事原価の算定

工事原価は原価計算基準に従って適切に算定することが必要である。

建設業では、個別原価計算を行うため、工事ごとに工事原価台帳を設けて工事原価発生額を記録集計する。

工事原価には、当該工事のために直接に使われた材料費、労務費、外注費及び経費を計上するとともに、機械部、設計部等の補助部門費を合理的な基準に基づき個別の工事原価に配賦する。

③ 発生工事原価の調整

発生工事原価が工事原価総額との関係で工事進捗度を合理的に反映しない場合には、発生工事原価の調整が必要となる。

例えば

・先行して支出される共通仮設設備費等
・工事出来高に対応しない未使用材料、前渡金等
・請求書締切日が期末日でない場合の期末日までの工事出来高
・支払保留金

等については、発生工事原価に計上する、又は、控除する調整を行わなければ発生工事原価が工事の進捗の実態を表さないこととなる。

(3) 原価比例法以外の方法

工事契約の内容によっては原価比例法以外の方法が、より合理的に工事進捗度を見積る方法である場合には、その方法によることができる。

すなわち、施工者の履行義務としては、工事原価総額、工事に要する直接作業総時間、施工総面積等があるが、直接作業総時間や施工総面積の方がより適切に工事の進捗度を反映しているならば直接作業時間比率や施工面積比率による方法が認められる。

・直接作業時間比率による方法

$$工事進捗度 = \frac{決算日までの直接作業時間}{直接作業総時間}$$

・施工面積比率による方法

$$工事進捗度 = \frac{決算日までの施工面積}{施工総面積}$$

　これらの方法は、契約書等で工事の直接作業時間や施工面積が明確であり、工事の施工に応じた直接作業時間や施工面積の把握ができる工事には合理的な方法といえる。

＜設例：施工面積比率による方法＞

　　前提条件　　工事収益総額　　　　1,000
　　　　　　　　工事原価総額　　　　　900
　　　　　　　　工事利益　　　　　　　100
　　　　　　　　工期　　　　　　　　　3 年
　　　　　　　　施工総面積　　　　　　500
　　　　　　　　工事進捗度　　施工面積比率

区分	1 年度	2 年度	3 年度
工事収益総額	1,000	1,000	1,000
当期発生工事原価	180	270	450
発生工事原価累計	180	450	900
工事原価総額	900	900	900
工事利益	100	100	100
当期施工面積	75	125	300
施工面積累計	75	200	500
施工総面積	500	500	500
工事進捗度	15％	40％	100％

<1年度の会計処理>

① 1年度の工事進捗度を算定する。

$$工事進捗度 = \frac{決算日までの施工面積}{施工総面積} = \frac{75}{500} = 15\%$$

② 工事進捗度に基づき工事収益及び工事原価を計上する。

工事収益 ＝ 工事収益総額 × 工事進捗度 ＝ 1,000 × 15％ ＝ 150

（借） 完成工事未収入金　150	（貸） 完成工事高　150

工事原価 ＝ 工事原価総額 × 工事進捗度 ＝ 900 × 15％ ＝ 135

（借） 完成工事原価　135	（貸） 未成工事支出金　135

<2年度の会計処理>

① 2年度の工事進捗度を算定する。

$$工事進捗度 = \frac{決算日までの施工面積}{施工総面積} = \frac{200}{500} = 40\%$$

② 工事進捗度に基づき工事収益及び工事原価を計上する。

工事収益 ＝ 工事収益総額 × 工事進捗度 － 前期までに計上した工事収益
　　　　＝ 1,000 × 40％ － 150 ＝ 250

（借） 完成工事未収入金　250	（貸） 完成工事高　250

工事原価 ＝ 工事原価総額 × 工事進捗度 － 前期までに計上した工事原価
　　　　＝ 900 × 40％ － 135 ＝ 225

| （借） | 完成工事原価 | 225 | （貸） | 未成工事支出金 | 225 |

＜3年度の会計処理＞

工事が完成し引渡したため工事収益及び工事原価を計上する。

工事収益＝工事収益総額×工事進捗度－前期までに計上した工事収益
　　　　＝1,000×100％－150－250＝600

| （借） | 完成工事未収入金 | 600 | （貸） | 完成工事高 | 600 |

工事原価＝工事原価総額×工事進捗度－前期までに計上した工事原価
　　　　＝900×100％－135－225＝540

| （借） | 完成工事原価 | 540 | （貸） | 未成工事支出金 | 540 |

＜各年度の損益計算書及び未成工事支出金＞

各年度の損益計算書及び未成工事支出金は次のとおりである。

各年度の完成工事原価を施工面積比率に基づき計上したことから、各年度の発生工事原価累計から前期までに完成工事原価に計上した工事原価を控除した額が未成工事支出金として計上される。

区分	1年度	2年度	3年度	合計
完成工事高	150	250	600	1,000
完成工事原価	135	225	540	900
工事利益	15	25	60	100
工事利益率	10％	10％	10％	10％
未成工事支出金	45	90	0	0

5. 工事契約の変更

> **Point**　工事収益総額、工事原価総額又は決算日における工事進捗度の見積りが変更されたときには、変更が行われた期に影響額を損益として処理する。

　本工事の施工途中において、発注者の都合等により本工事に係る追加工事や設計変更工事等が生じて工事契約が変更される場合がある。
　工事契約の変更による影響額は、工事契約の変更が行われた事業年度の工事収益に反映させる。

　工事進行基準適用工事で工事契約を変更した場合の会計処理は次のようになる。

＜設例：工事契約を変更した場合の会計処理＞

前提条件

	当初	変更額	合計
工事収益総額	1,000	100	1,100
工事原価総額	900	80	980
工事利益	100	20	120
工期		3 年	
工事進捗度		原価比例法	

　2年度に追加工事が発生し、工事収益の変更額は100、工事原価は80と見積った。

第4章 工事収益（完成工事高）の計上

区分	1年度	2年度	3年度
当初の工事収益総額	1,000	1,000	1,000
変更額	0	100	100
工事収益総額	1,000	1,100	1,100
当期発生工事原価	180	310	490
発生工事原価累計	180	490	980
工事原価総額	900	980	980
工事利益	100	120	120
工事進捗度	20%	50%	100%

<1年度の会計処理>

① 1年度の工事進捗度を算定する。

$$工事進捗度 = \frac{発生工事原価}{工事原価総額} = \frac{180}{900} = 20\%$$

② 工事進捗度に基づき工事収益及び工事原価を計上する。

工事収益＝工事収益総額×工事進捗度＝1,000×20%＝200

（借）完成工事未収入金	200	（貸）完成工事高	200

工事原価＝工事原価総額×工事進捗度＝900×20%＝180

（借）完成工事原価	180	（貸）未成工事支出金	180

93

＜2年度の会計処理＞

① 2年度の工事進捗度を算定する。

$$\text{工事進捗度} = \frac{\text{発生工事原価累計}}{\text{工事原価総額}} = \frac{490}{980} = 50\%$$

② 工事進捗度に基づき工事収益及び工事原価を計上する。

工事収益＝工事収益総額×工事進捗度－前期までに計上した工事収益
　　　　＝1,100×50％－200＝350

（借）　完成工事未収入金　　350	（貸）完成工事高　　　　　350

工事原価＝工事原価総額×工事進捗度－前期までに計上した工事原価
　　　　＝980×50％－180＝310

（借）　完成工事原価　　　　310	（貸）　未成工事支出金　　　310

＜3年度の会計処理＞

工事が完成し引渡したため工事収益及び工事原価を計上する。

工事収益＝工事収益総額×工事進捗度－前期までに計上した工事収益
　　　　＝1,100×100％－200－350＝550

（借）　完成工事未収入金　　550	（貸）　完成工事高　　　　　550

工事原価＝工事原価総額×工事進捗度－前期までに計上した工事原価
　　　　＝980×100％－180－310＝490

（借）　完成工事原価　　　　490	（貸）　未成工事支出金　　　490

<各年度の損益計算書>

各年度の損益計算書は次のとおりである。

工事契約の変更による影響額が変更の行われた2年度の工事収益及び工事原価に反映され工事利益率が11.4%になっている。

区分	1年度	2年度	3年度	合計
完成工事高	200	350	550	1,100
完成工事原価	180	310	490	980
工事利益	20	40	60	120
工事利益率	10.0%	11.4%	10.9%	10.9%

6. 税法上の取扱い

> **Point** 法人税法においては長期大規模工事は工事進行基準を適用しなければならない。

工事契約会計基準の制定を受けた平成20年度法人税法の改正により、長期大規模工事以外の長期請負工事で損失が見込まれる工事についても工事進行基準を適用できる。

(1) 税法上の工事進行基準適用工事

法人税法においては、工事の請負に係る収益及び費用の帰属年度の取扱いとして、長期大規模工事（損失が見込まれる工事を含む。）については工事進行基準によることとされている（法法第64条、法施令第129条）。

長期大規模工事とは次の要件を満たす工事をいう。

- 工事期間　　1年以上
- 請負金額　　10億円以上
- 支払条件　　請負金額の2分の1以上が引渡日から1年以上経過後に支払われることが定められていない

法人税法上は、上記の要件を満たす長期大規模工事は工事進行基準を適用しなければならず、工事完成基準を適用することはできない。
　一方、この要件を満たさない長期請負工事については工事進行基準と工事完成基準のいずれかを選択して適用することができる。

　工事契約会計基準と法人税法の関係は次のとおりである。

区分	工事契約会計基準		法人税法	
適用要件	成果の確実性が認められる 　工事収益総額 　工事原価総額 　決算日における工事進捗度 が信頼性をもって見積られる		長期大規模工事 工事期間　1年以上 請負金額　10億円以上 支払条件　請負金額の2分の1以上が引渡日から1年以上経過後に支払われることが定められていない	
該当の有無	有	無	有	該当しない長期請負工事
計上基準	工事進行基準	工事完成基準	工事進行基準	工事進行基準又は工事完成基準
選択	強制	強制	強制	任意 工事進行基準は継続適用する

(2) 工事進行基準適用による完成工事未収入金

　工事進行基準適用による完成工事未収入金の会計上の取扱いは、従来は、請負った工事が完成引渡しされておらず法的な債権でないことから金銭債権として取扱っていなかったが、工事契約会計基準により当該未収入金を法的債権に準ずるものと考え金銭債権とした。
　このため、会計上は当該未収入金について回収可能性に疑義がある場合に

は貸倒引当金の計上が必要となる。

　一方、法人税法の取扱いは、従来は、法的債権でないことから売掛債権に該当せず貸倒引当金の対象となる貸金の範囲に含まれなかったが、平成20年度の法人税法の改正により工事契約会計基準に合わせ、売掛債権として貸倒引当金の対象となる貸金の範囲に含めた。

　これにより工事進行基準の適用による完成工事未収入金については、会計上の取扱いと税法上の取扱いは原則として一致することとなった。

③ 工事完成基準

> **Point** 工事が完成し、目的物の引渡しを行った時点で工事収益及び工事原価を計上する。

　工事請負契約では、完成引渡しを行った時点で法的な請求権が生じることから、工事が完成しただけでなく、引渡しが完了することが必要である。

1. 会計処理

　工事完成基準とは、工事契約に関して工事が完成し、目的物の引渡しを行った時点で、工事収益及び工事原価を認識する方法である。
　企業会計原則の第二３Ｂ「売上高の計上基準」において、「売上高は、実現主義の原則に従い、商品の販売又は役務の給付によって実現したものに限る。」とし、収益の計上は実現主義に基づくこと、さらに注解７「工事収益について」において、工事完成基準を「工事が完成し、その引渡しが完了した日に工事収益を計上する。」としている。
　工事の完成と完成した物の引渡しを目的とする工事請負契約においては完成引渡しを行った時点で工事代金の法的な請求権が生じる。このことから工事完成基準とは、工事が完成しただけでなく、引渡しが完了することをもって収益を計上する基準である。

<設例：工事完成基準の会計処理>
　　　前提条件　　工事収益総額　　　　1,000
　　　　　　　　　工事原価総額　　　　　900
　　　　　　　　　工事利益　　　　　　　100
　　　　　　　　　　工期　　　　　　　2 年
　　　　　　　　　工事進捗度を信頼をもって見積れない。

<1 年度の会計処理>
① 請負金　1,000　工期　2 年　の工事契約を締結した。
　　工事進捗度を信頼をもって見積ることができないため工事完成基準を適用する。

仕訳なし

② 発注者から工事代金 200 を現金で受領した。

（借）	現金	200	（貸）	未成工事受入金	200

③ 材料費、労務費、外注費、経費の合計 310 を現金で支払い、また、外注費 50 を未払計上した。

（借）	未成工事支出金	360	（貸）	現金	310
				工事未払金	50

④ 工事が完成していないため、工事収益及び工事原価の計上はない。

仕訳なし

<1年度の財務諸表(抜粋)>

損益計算書

完成工事高	0
完成工事原価	0
工事利益	0

貸借対照表

未成工事支出金	360	未成工事受入金	200
		工事未払金	50

<2年度の会計処理>

① 工事未払金50を現金で支払った。

(借) 工事未払金	50	(貸) 現金	50

② 発注者から工事代金300を現金で受領した。

(借) 現金	300	(貸) 未成工事受入金	300

③ 材料費、外注費、労務費、経費の合計500を現金で支払った。

(借) 未成工事支出金	500	(貸) 現金	500

④ 工事の完成にあたり、外注費40を未払計上した。

(借) 未成工事支出金	40	(貸) 工事未払金	40

⑤ 工事が完成し引渡したため工事収益及び工事原価を計上する。

（借）	完成工事未収入金	500	（貸）	完成工事高	1,000
	未成工事受入金	500			

（借）	完成工事原価	900	（貸）	未成工事支出金	900

＜2年度の財務諸表（抜粋）＞

損益計算書

完成工事高	1,000
完成工事原価	900
工事利益	100

貸借対照表

完成工事未収入金	500	工事未払金	40
未成工事支出金	0	未成工事受入金	0

＜各年度の損益計算書＞

各年度の損益計算書は次のとおりで、2年度で一括して工事収益及び工事原価が計上される。

区分	1年度	2年度	合計
完成工事高	0	1,000	1,000
完成工事原価	0	900	900
工事利益	0	100	100
工事利益率	0	10%	10%

2. 完成引渡しの判定

> **Point** 工事の完成引渡しの判定は、完成届、引渡書等の形式的な書類のみで判断するのではなく、実質的に完了した日で判断する。

　実質的な完成引渡しを判断するため、各企業等ごとに完成引渡しの判定基準を定め、継続して適用する。

(1) 実質的な完成引渡し

　工事の完成引渡しについては、契約書の工期、完成届、及び引渡書等の形式的な書類のみで判断するのではなく、その工事の完成引渡しが実質的に完了した日で判断する必要がある。

　これは、発注者から工事を請負う施工者の立場の関係から

- 工事が契約工期より遅れて完成していないのにもかかわらず発注者の要請により完成届及び引渡書等を作成する場合がある。

　このため、完成届や引渡書等の書類があったとしても、工事の主要部分が施工中である場合、竣工検査を受けた結果、補修工事をしなければ使用できない場合、また、トンネル工事等で仮設物を撤去しなければ使用できない場合等は、それらの工事が完了するまで引渡しがされたとはいえない。

また、完成届や引渡書等の書類がなかったとしても、

- 工事の一部が未了であるが工事の主要部分が完成しており、発注者が使用の用に供している
- 工事が完成しているのにもかかわらず発注者の都合により引渡しができない

等の状況にある場合には、実質的に引渡しと認められるのか慎重に判断する必要がある。

(2) 完成引渡し基準の作成

　工事完成基準においては、完成引渡しの日をもって工事収益及び工事原価を損益計算書に計上することから、完成引渡し日の判定基準が重要となる。

　しかしながら工事の完成引渡しの判定にあたっては実質的に完成引渡しが完了したかの判断を伴うため、実務上問題となる場合がある。このため、各企業等ごとに工事の種類、性質、契約の内容等に応じた合理的と認められる完成引渡しの判定基準を工事収益計上基準等として定め、継続して適用する必要がある。

　そして、完成引渡しの事実関係を立証するため、工事契約書、工事工程表、工事完了報告書、完成届、引渡書、検査通知書、検収支払通知書、最終請求書等の証憑書類を準備しておく必要がある。

3. 税法上の取扱い

　法人税法は、請負による収益の帰属時期として物の引渡しを要する請負契約にあっては、その目的物の全部を完成して相手方に引渡した日に収益を計上するとしている（法基通2-1-5）。

　しかしながら、工事契約は工事の種類、性質、契約の内容等が異なるため、一律に引渡しの日を特定することが困難なことから、その具体的な引渡しの日について

- 作業を結了した日（作業結了基準）
- 相手方の受入場所へ搬入した日（受入場所搬入基準）
- 相手方が検収を完了した日（検収完了基準）
- 相手方において使用収益ができることとなった日（管理権移転基準）

等を掲げ、具体的でかなり幅のある判定基準を例示している（法基通2-1-6）。

　これらのうちから、法人はその工事の種類、性質、契約内容等に応じて合理的と認められる基準を定め、継続的にその基準により収益計上を行うべきとしている。

④ 部分完成基準

> **Point** 部分完成基準は工事完成基準の一形態で、工事進行基準を適用する工事については部分完成基準は適用されない。

　法人税法で規定する部分完成基準は工事完成基準を適用している工事について適用される。

1. 工事完成基準の一形態

　工事契約会計基準においては、工事契約に係る認識基準として、工事進行基準及び工事完成基準を規定しているが、法人税法においては工事請負契約による収益の帰属時期の特例として工事完成基準の一形態である部分完成基準がある。

　法人税法では、請負契約に係る建設工事等について次のような事実がある場合には工事の全部が完成しない場合でも、部分的に完成引渡した場合には、その引渡しをした部分ごとに完成引渡基準が適用される。

- 一の契約により同種の建設工事などを多量に請負ったような場合で、その引渡量に従い、工事代金を収入する旨の特約又は慣習がある場合
    例えば、多数の建売住宅の建設を請負った場合で、1戸を引渡すつど、工事代金を受け取る旨の特約又は慣習がある場合等
- 1個の建設工事などであっても、その建設工事などの一部が完成し、その完成した部分を引渡したつど、その割合に応じて工事代金を収入する旨の特約又は慣習がある場合

例えば、護岸工事を請負い一定の区間を完成したつど、引渡し、それに応じて工事代金を受け取る旨の特約又は慣習がある場合等

このような事実がある場合には、その建設工事等の全部が完成しないときにおいても、引渡した建設工事等の量又は完成した部分に対応する工事収入をその事業年度の収益に計上するとしている（法基通2-1-9）。

2. 工事進行基準との関連

　工事契約に係る認識の単位は、工事契約において当事者間で合意された実質的な取引の単位に基づくとされることから、契約書が実質的な取引の単位を反映していない場合には、複数の契約書の取引を結合し、又は契約上の取引の一部をもって工事契約に係る認識の単位とする必要がある（会計基準第7項）。
　そして実質的な取引の単位を反映した工事単位を決めたのち、その工事単位ごとに、工事進行基準又は、工事完成基準を適用することとなる。
　工事進行基準を適用する工事について、その目的物の全部の完成引渡しが行われる前に部分的に完成引渡しを行った場合には、部分完成基準により収益を計上しなければならないか疑問が生じるが、この法人税法の部分完成基準は、収益計上に関する特則として工事完成基準の一形態であり、工事進行基準と異なる収益計上方法であることから、工事進行基準を適用する工事については、部分完成基準は適用されないこととなる（法基通2-1-9　解説）。

⑤ 延払基準

> **Point** 建設業においては、延払基準は適用できない。

　工事契約会計基準は工事収益の認識基準を工事進行基準又は工事完成基準としたことから、建設業では法人税法で規定する延払基準は適用できない。

1. 割賦基準に準じた収益計上基準

　企業会計原則は売上高の計上基準として、実現主義の原則に従うことを規定し、注解6「実現主義の適用について」において販売基準に代えて割賦基準を認めている。

　これは、割賦販売は通常の販売とは異なり、その代金回収の期間が長期にわたり、かつ、分割払いであることから代金回収上の危険率が高いので、収益の認識を慎重に行うため、販売基準に代えて割賦金の回収期限の到来の日、又は入金の日をもって売上収益実現の日とすることを認めたものである。

　法人税法の延払基準は、代金の支払期日の到来した賦払金に対応して収益を計上することから割賦基準に準じた収益計上基準であるといえる。

　延払基準とは工事代金の回収が賦払いで長期にわたる場合、工事が完成して引渡しが完了しているものであっても、その賦払金の回収期日の到来した金額をもって、その事業年度の収益の額に計上する方法をいう。

2. 税法上の取扱い

　法人税法においては、長期割賦販売等の工事請負契約による収益の帰属時期の特例として延払基準がある。
　これは契約により工事代金を次の条件で分割払いで受け取る場合には、完成引渡し時に収益計上しないで、代金の支払期日の到来した賦払金に対応して収益を計上して、収益等の一部を繰延べる方法である（法法第63条）。

- 月賦、年賦その他の賦払の方法により3回以上に分割して、対価の支払を受けること
- 引渡しの期日の翌日から、最後の賦払金の支払いの期日までの期間が2年以上であること
- 引渡しの期日までに支払期日の到来する賦払金の合計額が、その請負の対価の3分の2以下となっていること

3. 工事契約会計基準との関連

　工事契約会計基準においては、工事契約に係る認識基準は工事進行基準又は工事完成基準としたことから、入金の日や代金の回収期限到来の日を基準として工事収益及び工事原価を認識することは認められていない（会計基準第45項）。
　このため、会計上は延払基準によって、工事収益を計上することはできない。
　また、法人税法の延払基準は延払基準の方法により経理することが要件とされているため、税法上も延払基準を適用することはできない。

第5章 工事の原価計算

① 原価計算制度

1. 原価計算の目的

> **Point**
> - 入札及び実行予算のための見積計算
> - 発生工事原価の実績計算と原価管理

　建設業の原価計算の重要な目的は、事前原価計算である入札及び実行予算のための工事原価の見積りと事後原価計算である発生工事原価の記録集計及び実行予算と実績対比による原価管理である。

　我が国の原価計算を制度化するための実践規範として原価計算基準があり、そのなかで原価計算の主たる目的として次の点を掲げている。

- 財務諸表を作成するための原価の集計
- 価格計算に必要な原価資料の提供
- 経営者に対して原価管理に必要な原価資料の提供
- 予算編成並びに予算統制のために必要な原価資料の提供
- 経営の基本計画を設定するための原価情報の提供

　これら原価計算基準で掲げている目的は、建設業においても尊重されるべきものであり、建設業の原価計算の目的として特に重要なものは、次の点である。

- 入札及び実行予算のための見積計算
- 工事原価の実績計算及び実行予算に基づく原価管理

2. 個別原価計算

> **Point** 建設業の原価計算は個別原価計算である。

　原価計算制度は、実際原価計算制度と標準原価計算制度に分類することができるが、規格品を計画生産する一般製造業とは異なり、建設業は工事の種類、仕様、規模、構造等が異なることから標準原価の設定は困難なため、実際原価により計算する実際原価計算制度によっている。

　原価計算基準によれば、実際原価の計算では、製造原価は原則としてその実際発生額を、まず費目別に計算し、次いで部門別に計算し、最後に製品別に集計するとして原価計算の計算手続を示している。

(1) 原価の費目別計算
　原価の費目別計算とは、一定期間における原価要素を費目別に分類測定する手続をいい、原価要素を、原則として形態的分類（材料費、労務費、外注費、経費）を基礎とし、これを直接費と間接費に大別して、さらに必要に応じて機能的分類を加味して分類する。

(2) 原価の部門別計算
　原価の部門別計算とは費目別計算で把握された原価要素を原価部門別に分類集計する手続をいい、原価部門とは原価の発生を機能的、責任区分別に管理するとともに製品原価の計算を正確にするための計算組織上の区分をいい、これを製造部門と補助部門に区分する。

建設業の原価部門の例

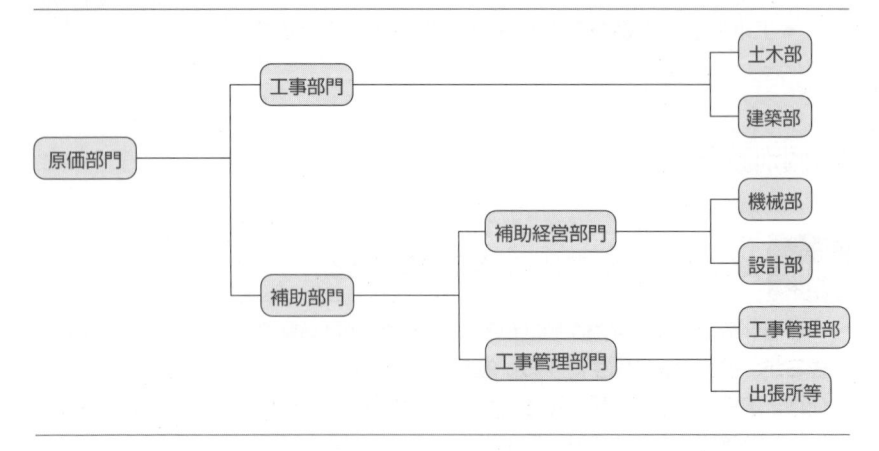

```
原価部門 ─┬─ 工事部門 ─────────┬─ 土木部
         │                    └─ 建築部
         └─ 補助部門 ─┬─ 補助経営部門 ─┬─ 機械部
                     │               └─ 設計部
                     └─ 工事管理部門 ─┬─ 工事管理部
                                     └─ 出張所等
```

(3) 原価の製品別計算

　原価の製品別計算とは、原価要素を一定の製品単位に集計し、単位製品の製造原価を算定する手続をいう。
　この製品別計算は経営における生産形態の種類に応じて総合原価計算と個別原価計算に大別される。

　一般製造業では工場等の一定の場所で規格品を大量に計画生産することから総合原価計算を採用する場合が多いが、建設業では工事の種類、仕様、規模、構造等が異なり、施工場所を移動して工事を個別的に生産することから個別原価計算を行っている。

　個別原価計算では、原則として個別工事ごとに作成された実行予算に基づいて施工し、発生した工事原価を工事別に工事原価台帳を設けて記録集計する。
　その際、工事直接費については形態的分類に基づき、材料費、労務費、外注費、経費に分類し、工事間接費については機械部門、出張所等の発生部門

別に集計し、補助部門費として各工事に配賦する。

工事原価計算の流れ

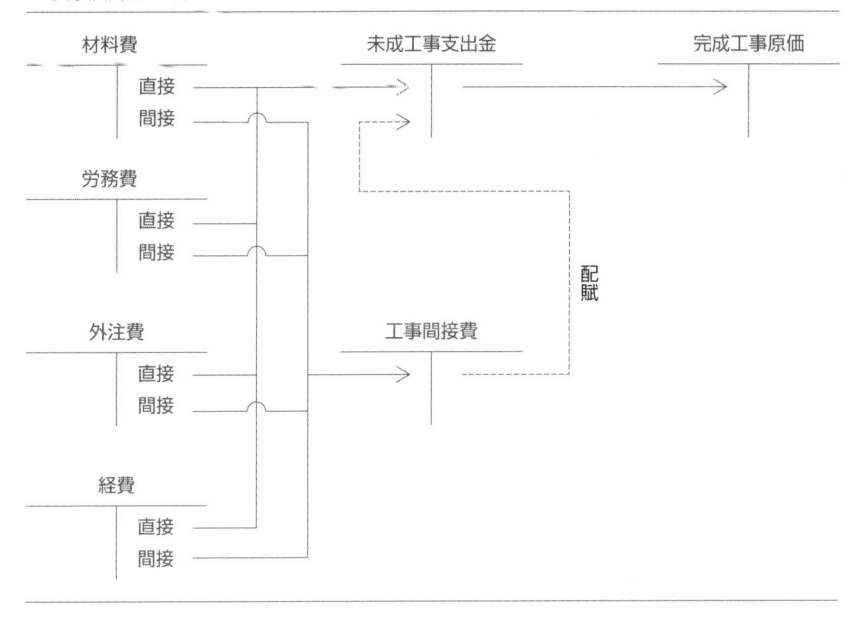

材料費	未成工事支出金	完成工事原価
直接 →	→	→
間接	→	
労務費		
直接		
間接		
外注費	工事間接費	配賦
直接	→	
間接		
経費		
直接		
間接		

② 事前及び事後原価計算

Point

事前原価計算	入札 受注	入札のための工事原価の見積り（元積り）
		施工のための工事原価の見積り（実行予算）
事後原価計算	着工 完成	施工による工事原価の記録集計
		実行予算と工事原価実績対比による原価管理

　建設業の原価計算は計算する時期により事前原価計算と事後原価計算に区分される。

1. 事前原価計算

(1) 入札のための工事原価の見積り（元積り）

　発注者からの注文生産で、規模、構造等の異なる工事を受注するため、発注者からの設計図及び仕様書等に基づき工事原価の見積りを行い、工事損益の見込み等を考慮して入札価額を決めている。

　この入札のための工事原価の見積りは工事を受注するか否かの意志決定をするための積算であり、この入札のための工事原価の見積りに誤り等が生じて入札価額が実際の工事原価より低い価額で受注すると工事損失が生じることになる。

　このため、入札のための工事原価の見積りは価格計算の重要な原価資料となる。

(2) 施工のための工事原価の見積り（実行予算）

　受注した工事を施工するためには、工事の種類、仕様、規模等の異なる工事を、異なる場所で施工することから、工事ごとに実行予算を作成し、工事の施工計画に基づき、実際の施工管理に役立てるため、一般的には工種、工程別に作成され、工事の完成に必要な材料費、労務費、外注費、経費を予算化し、工事の目標損益を設定している。

　この実行予算は、工事部門で作成し、支店ないし本社に提出し承認を受けたのち、原則として工事に着工する。

　しかしながら、受注した工事の規模、難易度、採算が厳しい工事であると採算改善策のための検討等の理由で実行予算の作成が遅れたり、承認されない場合がある。

　実行予算がいつまでも未作成、未承認のまま工事を進捗させることは工事の原価管理として好ましくないために適時に作成、承認する必要がある。

　また、当初の工事契約はその後の設計変更、追加工事等により工事内容が変更される場合があるため、実行予算の組直し、見直しが必要となる。

　また、工事の進捗に伴って発注業者の選定、発注単価の低減、施工方法の見直し、経費の削減等により当初の実行予算と完成予想原価との間に差異が生じる。

　このため、当初の実行予算は工事の進捗に応じて適時・適切に組直し、見直しが必要となる。

2. 事後原価計算

　事後原価計算は事前原価計算で行われる入札及び施工のための工事原価の見積りではなく、工事の完成までに発生した工事原価の実際発生額による原価計算である。

(1) 工事原価の記録集計

　建設業では個別原価計算を行うため、工事ごとに工事番号を付した工事原価台帳を設けて、発生した工事原価を記録集計する。

　工事原価台帳は、一般的には材料費、労務費、外注費及び経費の形態的に分類し、直接工事費用は個別の工事ごとに発生のつど工事原価台帳に記録し、工事間接費用は一定の配賦基準による配賦額を各工事の工事原価台帳に記録する。

　工事の施工に伴い発生するこれらの工事原価は、個別の工事ごとに工事原価台帳に記録するとともに、元帳の未成工事支出金勘定に記録する。

　建設業では、期中において発生した工事原価は決算時（四半期決算を行う場合は四半期ごと）まで未成工事支出金として処理し、決算時に完成工事高に計上する工事ごとに対応する工事原価を未成工事支出金から振り替えて完成工事原価として計上する会計実務が行われている。

(2) 原価管理

　建設業においては受注した工事を施工するため、原則、工事ごとに実行予算を作成し、この実行予算は実際の施工管理に役立てるため工種別、工程別に作成される。

　この工事の実行予算は、一般的に、当該工事の施工に必要とされた工種別、工程別の見積り数量に見積単価を乗じて積算している。

　このため、工事の進捗に伴い、発注業者の選定過程で発注単価の引下げ、施工方法の見直し、経費の削減、予期せぬ資材・賃金等の値上げ、近隣対策、事故等による工事の中断等の諸原因により工事の実際発生原価と実行予算との間に差異が生じてくる。

　工事責任者は、実際発生工事原価と実行予算の見積原価との差異が数量差異（消費量、作業時間等）あるいは価格差異（単価、賃率等）であるのか、また、管理可能な差異なのか等、その差異を分析して工事の原価改善の管理に役立てなければならない。

③ 工事原価計算

1. 工事原価の分類

> **Point** 建設業では原価要素を形態的に材料費、労務費、外注費、経費に分類する方法と工種別、工程別に分類する方法及び工事との関連で工事直接費と工事間接費に分類する方法がある。

建設業の原価計算の実務としては、完成工事原価報告書の作成と工事の施工及び原価管理を行うため、通常は、原価要素を形態的に分類し、会計伝票には形態的分類だけでなく工種別、工程別の区分をして記録集計している。

(1) 形態的分類

この分類は、原価要素を財務会計の費用の発生形態をもとにする分類で原価要素を材料費、労務費、外注費及び経費に分類するもので「国土交通省告示、勘定科目の分類」による完成工事原価報告書は形態的分類に基づいて記載することを規定している。

完 成 工 事 原 価 報 告 書

自 平成　　年　　月　　日
至 平成　　年　　月　　日

（会　社　名）

千円

Ⅰ　材　　料　　費		×××
Ⅱ　労　　務　　費		×××
（うち労務外注費	××)	
Ⅲ　外　　注　　費		×××
Ⅳ　経　　　　　費		×××
（うち人件費	××)	
完成工事原価		××××

　完成工事原価報告書は個別工事の原価計算を基礎として作成されるものであるので原価要素を形態的に分類しておくことが必要となる。

　原価計算基準では原価要素を材料費、労務費、及び経費の3つに区分しているが建設業では業界特有の下請制度による外注費の割合が高いため原価要素に外注費を加えている。

　この形態的分類は財務会計における費用の発生をもとにしたもので財務会計と工事の原価計算との関連で重要な分類である。

　なお、次の形態的分類及び工種、工程別分類は「建設業会計提要」に記載されている例である。

　（第1法）四要素を整理科目とする。
　この場合、実行予算はこの科目によって作成する。

要　　　　素	科　　　　　　目	細　　　　　　目	摘　　　　　要
M　材　料　費	材　　　料　　　費		
L　労　務　費	La　賃　　　　　　金		
	Lb　準　労　務　費		
S　外　注　費	外　　　注　　　費		
E　経　　　費	1　（仮　設　経　費）		材料費に組替える
	2　動力用水光熱費		
	3　（運　搬　費）		材料費に組替える
	4　機　械　等　経　費		
	5　設　　計　　費		
	6　労　務　管　理　費		
	7　租　税　公　課		

8 地 代 家 賃	
9 保 険 料	
10 従業員給料手当	
11 退 職 金	
12 法 定 福 利 費	
13 福 利 厚 生 費	
14 事 務 用 品 費	
15 通 信 交 通 費	
16 交 際 費	
17 補 償 費	
18 雑 費	
19 出張所等経費配賦額	

(2) 工種別、工程別分類

　この分類は、受注した工事の施工及び原価管理上の必要から工種別、工程別に分類するものである。

　入札のための工事原価の見積り及び受注した工事を施工するための実行予算の作成には工事原価を工種別、工程別に分類集計し、また、実行予算に基づく原価管理を行うためには施工により発生する工事原価を工種別、工程別に分類集計して実行予算と対比し差異を分析する。

　この工種別、工程別分類は設計及び工事の施工の工程に沿った分類であり現場での施工管理に適した分類である。

（第3法）工程別の積算科目をそのまま整理科目とし、各々を材料費、労務費、外注費及び経費の科目に分けて多桁とする。（建築工事の場合の一例）

要素 科　目	M 材料費	L 労務費		S 外注費	E 経費
		La 賃金	Lb 準労務費		
0 総 合 仮 設					
1 直 接 仮 設					
2 土 工					
3 地 業					
4 鉄 筋					
5 コンクリート					

6 型　　　　　枠					
7 鉄　　　　　骨					
8 既製コンクリート					
9 防　　　　　水					
10 石					
11 タ　イ　ル					
12 木　　　　　工					
13 屋根及びとい					
14 金　　　　　属					
15 左　　　　　官					
16 建　　　　　具					
17 カーテンウォール					
18 塗　　　　　装					
19 内　　外　　装					
20 ユニット及びその他					
21 発　生　材　処　理					
22 設　　　　　備					
22-1 電　　　気					
22-2 空　　　調					
22-3 衛　　　生					
22-4 昇　降　機					
22-5 機　　　械					
22-6 そ　の　他　設　備					
23 屋　外　施　設　等					
E　経　　　　費					
（科目は第1法と同様）					

　建設業の原価計算の実務としては、財務諸表（完成工事原価報告書）の作成と受注した工事の施工及び原価管理を行うために、通常は原価要素を材料費、労務費、外注費及び経費の形態的分類を行い、会計伝票には形態的分類だけでなく工種別、工程別の区分をして記録集計している。

(3) 工事との関連で分類

　工事原価の発生が工事との関連で直接的又は間接的に発生したかの性質上の分類で原価要素を工事直接費と工事間接費に区分する。

工事直接費は、工事の施工のため直接的に必要とされた原価で直接材料費、直接労務費、直接外注費及び直接経費に区分して、工事番号を付した工事原価台帳に直接計上する。

　工事間接費は工事の施工のため間接的に必要とされた原価で、各工事で共通して使用する機械部門、作業所経費等で生じた費用を一定の配賦基準で各工事原価台帳に配賦する。

2．原価計算単位

　建設業における原価計算は個別原価計算が採用され、工事の損益計算の単位は原則として個々の工事契約で行うことから、原価計算の単位も請負契約ごとに設定する。
　個々の工事契約を原価計算単位とし、工事ごとに工事番号を付した工事原価台帳を作成し、工事番号別に発生した工事原価を記録集計する。
　この原価計算単位は、発注者の都合等により契約の更改に伴う追加工事等が生じる場合には原契約の工事の原価計算単位と一括するが、別個の契約による追加工事等は原則として原契約と別にして損益管理するため、別の原価計算単位を設定する。

④ 材料費

> **Point** 工事のため直接購入した素材、半製品、製品、材料貯蔵品勘定等から振り替えられた材料費（仮設材料の損耗額等を含む）

「国土交通省告示、勘定科目の分類」の完成工事原価報告書においては材料費を上記のように定義している。

1. 材料

材料には工事を建設するために使用する鉄筋、鉄骨、コンクリート等の主体材料のほか、仮設材料及び消耗材料がある。

最近の傾向としては、素材のままでなく、工事現場に搬入される以前に加工した半製品及び製品の形で工事に使用されることが多くなっている。

これらの材料には特定の工事の建設のためにひも付きで購入される材料（引当材料）と資材倉庫に保管して使用のつど払出管理する材料貯蔵品がある。

なお、材料の価額は材料等の購入原価に工事現場に搬入するまでの買入手数料、引取運賃、保険料等の購入のための付随費用を含めた金額である。

また、材料貯蔵品勘定から払出された材料を工事現場まで搬入するための運搬費も材料費に含まれる。

建築工事の場合の材料費の例である。

内容	細目
・仮設材料	総合仮設材料 直接仮設材料
・砂利、砂、割栗	
・セメント	
・生コンクリート	
・鋼材	鉄筋材 鉄骨材
・れんが、タイル、石材	れんが、タイル 石材
・屋根防水材料	屋根材料 防水材料
・木材	
・金物	釘、鋲、構造金物 雑金物
・左官材料	プラスター その他
・建具	金属製建具 木製建具

(1) 引当材料

　一般製造業においては主要な材料等は購入時に材料勘定等で受払管理を行い、使用のつど製造原価に払出されるが、建設業においては特定工事の建設のために材料を注文し、搬入する工事の施工現場が異なる等のため大部分の材料は購入時点で工事原価（未成工事支出金）に計上している。

　　　購入時　（借）未成工事支出金　○○　　（貸）工事未払金　○○
　　　　　　　　　　（材料費）

(2) 材料貯蔵品

各工事で使用される割合の高い材料等については常備材料として購入時に材料貯蔵品勘定に計上し、各工事に使用のつど、工事原価(未成工事支出金)に計上している。

購入時	(借) 材料貯蔵品 ○○	(貸) 工事未払金 ○○
使用時	(借) 未成工事支出金 ○○ (材料費)	(貸) 材料貯蔵品 ○○

2. 仮設材料

建設工事現場で使用される仮設資材（足場、型枠、シート等）及び仮設建物（現場事務所、現場宿舎等）は特定工事のためにのみ使用されるのではなく、複数の工事において順次使用する場合が多い。

これらの仮設資材、仮設建物等の損耗費は材料費に計上する。

また、外部から借り入れた仮設資材、仮設建物等の賃借料等も材料費に含まれる。

仮設材料

内容	細目
仮設資材	足場、型枠、山留資材、ロープ、シート等
仮設建物	現場事務所、現場宿舎、倉庫、工作所等

仮設材料の損耗費の会計処理には次の方法がある。

(1) すくい出し方式

仮設資材、仮設建物等を工事の使用に供した時に取得価額の全額を未成工事支出金に計上し、当該工事が完成した時又は他の工事に使用するため転用

する時に残存価額を当該工事原価から控除する方法をいう。

　　　購入時　｜（借）　未成工事支出金　○○　　（貸）　工事未払金　○○
　　　　　　　｜　　　　（仮設材料費）

　　完成又は転用時

　　　　　　　｜（借）　材料貯蔵品　　○○　　（貸）　未成工事支出金　○○
　　　　　　　｜　　　　　　　　　　　　　　　　　　　（仮設材料費）

(2) 社内損料方式

　仮設資材、仮設建物等の取得価額、修繕費及び管理費等を含めて仮設材料等の全体の費用を見積り、あらかじめ当該仮設材料等の内部使用料を定めておき、各工事の使用に応じて、その使用料を未成工事支出金に振り替えて計上する方法をいう。

　　　使用時　｜（借）　未成工事支出金　○○　　（貸）仮設損料配賦額　○○
　　　　　　　｜　　　　（仮設材料費）

　この場合、仮設材料等の全体費用の実際発生額と予定配賦総額との間に差額が発生するが、この差額は原価差額として完成工事原価と未成工事支出金に個別工事ごと、又は、一括して配賦する。

⑤ 労務費

> **Point**
> 工事に従事した直接雇用の作業員に対する賃金、給料及び手当等。工種、工程別の工事の完成を約する契約でその大部分が労務費であるものは、労務費に含めて記載することができる。
> （うち労務外注費）
> 労務費のうち、工種、工程別等の工事の完成を約する契約でその大部分が労務費であるものに基づく支払額

「国土交通省告示、勘定科目の分類」の完成工事原価報告書においては労務費を上記のように定義している。

完成工事原価報告書に記載する労務費は「工事に従事した作業員に対する賃金、給料及び手当等」に限定され、工事を施工管理する技術職員、事務職員等の給料等は経費として計上する。

また、建設業は工事施工の一部を協力会社に発注するが、外注工事費であっても、その内容の大部分が労務費である場合は労務費として記載できる。

これは、外注工事費の形式をとったとしても、実質的には直接雇用の作業員と同様の作業を行っている場合が多いことによる。

建築工事の場合の労務費の例である。

内　　容	細　　目
・土　　工	
・人　　夫	
・雑　　工	
・大　　工	型　枠　大　工 大　　　　　工

・鳶　　　　　工	建　方　鳶　工 コンクリート鳶工
・土　　　　　工	土　　　　　工 コンクリート工

　作業員に対する賃金、給料及び手当等を工事原価に計上するには次の方法がある。

(1) 実際支給額方式

　作業員の従事した工事別の作業時間等を記録した報告書をもとに、作業員の賃金等を計算し、その賃金を従事した工事別にその作業員の作業時間数により按分して工事原価に計上する方法をいう。

(2) 予定配賦額方式

　作業員を職種別等に分類し、年間等の賃金、賞与、法定福利費等を見積り、これを年間稼働予定日数で除して予定賃率を算定する。
　作業員の従事した工事別の実際作業日数に予定賃率を乗じて予定配賦額を算定し、各工事の労務費として工事原価に計上する方法をいう。

　この場合、作業員の年間等の賃金、賞与、法定福利費等の実際発生額と予定配賦総額との間に差額が発生するが、この差額は原価差額として完成工事原価と未成工事支出金に個別工事ごと、又は、一括して配賦する。

⑥ 外注費

> **Point**　工種、工程別の工事について素材、半製品、製品等を作業とともに提供し、これを完成することを約する契約に基づく支払額。ただし、労務費に含めたものを除く。

「国土交通省告示、勘定科目の分類」の完成工事原価報告書においては労務費を上記のように定義している。

　建設業では請負った工事の一部を協力会社に発注することが多く行われている。

　これは、自社で作業員を直接雇用したり、建設機械等を保有すると、仕事量が少ない時には固定費の負担が大きくなることから、仕事量に応じて弾力的な経営を行うため自社で施工できない工種、工程の一部を協力会社に作業と材料を含めて発注することが多いためである。

　このため、工事原価に占める外注費の割合は異常に高くなり、完成工事原価の原価構成を歪め工事の実体を表さなくなることから、外注費の形式をとったとしても、その内容の大部分が労務費である場合には労務費に含めることができる取扱いをしている。

　なお、一般製造業では協力会社に外注する場合、外注加工費とするが、建設業の場合は作業にあわせて素材、製品等の材料を提供することが多いことから外注費としている。

建築工事の場合の外注費の例である。

内容	細目
・総合仮設	
・直接仮設	
・土工	
・鉄筋	
・コンクリート	
・型枠	
・鉄骨	
・既製コンクリート	
・防水	
・石	
・タイル	
・木工	
・屋根及びとい	
・金属	
・左官	
・建具	
・カーテンウォール	
・塗装	
・内外装	
・設備	電気 空調 衛生 昇降機 機械設備 その他
・屋外施設等	

　協力会社に発注する場合は、複数の協力会社から見積書を提出させ、金額、施工能力等を考慮し発注する。

　一般的には、工事担当者は協力会社の施工状況を査定してまとめた工事出来高調書等を作成し、これに基づいて協力会社から請求書を提出させ外注費を計上している。

　請求時　（借）未成工事支出金　〇〇　　（貸）工事未払金　〇〇
　　　　　　　　（外注費）

⑦ 経費

> **Point**
> 完成工事について発生し、又は負担すべき材料費、労務費及び外注費以外の費用で、動力用水光熱費、機械等経費、設計費、労務管理費、租税公課、地代家賃、保険料、従業員給料手当、退職金、法定福利費、福利厚生費、事務用品費、通信交通費、交際費、補償費、雑費、出張所等経費配賦額等のもの。
> （うち人件費）
> 経費のうち従業員給料手当、退職金、法定福利費及び福利厚生費

「国土交通省告示、勘定科目の分類」の完成工事原価報告書においては経費を上記のように定義している。

これらの経費の細目科目については「建設業会計提要」では次のように例示している。

経費の科目分類の例である。

標準勘定科目	細　　目	摘　　　　要
（仮設経費） ［表示にあたっては材料費に組替えられる］	仮設材賃借料 仮設損料 仮設工具等修繕費 仮設損耗費 その他	外部から借入れた仮設材料等の賃借料 仮設工具、移動性仮設建物などの社内使用料 仮設工具、移動性仮設建物の修繕のため支出した費用で、仮設材賃借料、仮設損料などに含まれないもの。 仮設に使用した損耗材料等の費用
動力用水光熱費		電力・石油等の動力費、水道等の用水費・ガス・電灯等の光熱費
（運搬費） ［表示にあたっては材料費に組替えられる］		運搬に要する費用。ただし材料費・機械等経費に算入されたものを除く。

第5章 工事の原価計算

標準勘定科目	細　　　目	摘　　　　　　要
機械等経費	機械等賃借料	外部から借入れた機械装置等の賃借料
	機械等損料	機械装置等の社内使用料 社内損料制度を採用していない場合には、機械等減価償却費（機械等損耗額）配賦額、機械等修繕費配賦額等の費目で処理する。
	機械等修繕費	機械等の修繕のために支出した費用で、機械等賃借料、機械等損料に含まれないもの。
	機械等運搬費	機械等を運搬するために要する費用及び支払運賃
	そ の 他	機械部門に発生した原価差額の調整額等
設 計 費		外注設計料及び社内の設計費負担額
労務管理費		現場労働者及び現場雇用労働者の労務管理に要する費用 ・募集及び解散に要する費用 ・慰安、娯楽及び厚生に要する費用 ・純工事費に含まれない作業用具及び作業被服等の費用 ・賃金以外の食事、通勤費等に要する費用 ・安全、衛生に要する費用及び研修訓練等に要する費用 ・労災保険法による給付以外に災害時に事業主が負担する費用
租 税 公 課		工事契約書等の印紙代、申請書・謄抄本登記等の証紙代、固定資産税・自動車税等の租税公課、諸官公署手続き費用
地 代 家 賃		事務所・倉庫・宿舎等の借地借家料
保 険 料		火災保険、工事保険、自動車保険、組立保険、賠償責任保険及び法定外の労災保険の保険料
従業員給料手当	給 料 手 当 賞　　　　与	現場従業員及び現場雇用労働者の給与、諸手当（交通費、住宅手当等）及び賞与
退 職 金	退 職 金	現場従業員に対する退職金（退職年金掛金を含む。）。但し、異常なものを除く。
	退職給付費用	現場従業員の退職給付引当金繰入相当額
法 定 福 利 費		現場従業員、現場労働者及び現場雇用労働者に関する労災保険料、雇用保険料、健康保険料及び厚生年金保険料の事業主負担額並びに建設業退職金共済制度に基づく事業主負担額
福利厚生費	厚 生 費	現場従業員に対する慰安・娯楽その他厚生費及び貸与被服・健康診断・医療・慶弔見舞等に要する費用
	福利施設費	現場従業員が使用する社宅・寮等厚生施設の維持管理に要する費用
事務用品費	事務用消耗品費	帳簿・用紙類・消耗品の購入代
	事務用備品費	机・椅子・書庫等の購入費用で固定資産に計上されないもの、OA機器・複写機等のリース・レンタル費

131

標準勘定科目	細目	摘要
通信交通費	図書その他	新聞・参考図書・雑誌等の購入費、工事に関する青写真・竣工写真等の費用
	通信費	郵便・電話・送金・通信回線の料金
	交通費	出張旅費・転勤旅費・小荷物運賃・通勤定期券代・自家用乗用車の社内使用料・燃料代・修繕費及びタクシー使用料
交際費		得意先・来客等の接待費、慶弔見舞、中元歳暮等の贈答品費等
補償費	補償費	工事施工に伴って通常発生する騒音、振動、濁水、工事用車両の通行等に対して、近隣の第三者に支払われる補償費。ただし、電波障害等に関する補償費を除く。
	完成工事補償引当金繰入額	
雑費	会議費	各種打合せに要する費用
	諸会費	諸団体等に対する会費
	雑費	上記のいずれの科目にも属さない経費
出張所等経費配賦額		出張所管轄下に複数の工事がある場合、出張所自体で要した経費を期中の工事ごとの出来高比、あるいは支出金比などによって一括配賦した額

　工事の経費には工事の施工に直接関連して発生した経費で当該工事に直接配賦する直接経費と機械部門、出張所等で発生した経費で工事との関連が直接的でない場合に一定の配賦基準により各工事に配賦される間接経費がある。

(1) 機械等経費

　外部から借り入れた建設機械等の賃借料は直接経費であるが、自社で保有する建設機械等の減価償却費、修繕費、保険料等は建設機械等の使用日数等に基づいて機械等損料として各工事に配賦される間接経費になる。

(2) 出張所等経費

　作業所、出張所が複数の工事を管轄している場合、出張所等で発生した経費は施工出来高等に基づいて出張所等経費配賦額として各工事に配賦される

間接経費になる。

　この場合、機械部門、出張所等での経費の実際発生額と予定配賦総額との間に差額が発生するが、この差額は原価差額として完成工事原価と未成工事支出金に個別工事ごと、又は、一括して配賦する。

(3) 工事の受注費用
　工事原価に計上すべき経費には、特定の工事を受注するために要した費用が含まれる。
　特定の工事を受注するために要した費用としては設計費、積算費、調査費、交際費、交通費等がありこれらの費用は工事の受注が確定するまでは起工費、仮払金等の科目で処理をしておき、受注した場合は工事原価として未成工事支出金に振り替え、受注できなかった場合は工事の原価性がないため期間費用として販売費一般管理費に振り替える。

　法人税法は「請負による収益に対応する原価の額には、その請負の目的となった物の完成又は役務の履行のために要した材料費、労務費、外注費及び経費の額の合計額のほか、その受注又は引渡しをするために直接要したすべての費用の額が含まれることに留意する。」(法基通2-2-5)として、受注のために直接要したすべての費用は工事原価に含めなければならないとしている。
　ここで「受注に直接要したすべての費用」とは、特定の工事を受注するための費用をいい、特定の工事に関連しない日常の営業部門の受注活動の費用は含まれない。

⑧ 工事の原価管理と経営

> **Point** 工事の原価管理のためには、実行予算と実績対比による方法が有効である。

　建設業においては、工事請負契約で請負金が確定するため、経営的には実行予算に基づき工事を効率的に施工し、原価をできるだけ低減させて、工事損益の改善を図る原価管理が重要な課題となる。

　一般製造業では、工場等で自社の従業員が規格品を大量生産するため、製品製造の標準化、組織化、機械化等を図ることにより生産コストの低減に向けた経営を工場単位、製品単位で行っている。

　しかしながら、建設業では施工場所を移動して、種類、仕様、規模、構造等の異なる工事を個別的に生産しており、また、請負った工事のうち専門工事等については協力会社に作業を外注する割合が高いことから、工事の施工の標準化、組織化、機械化等を図ることが難しい業種であるといえる。

　このため、建設業の原価管理は原則として受注した工事について個別に行う必要がある。

1. 原価管理のための実行予算の作成、承認

　建設業の経営で重要な課題は受注した工事を効率的に施工して工事の損益の改善を図ることである。

　そのためには受注した工事について適切な目標管理となる実行予算の作成が必要となる。

実行予算は、工事を受注したのちに、工事の内容、工期、施工場所等を考慮して施工方法、施工計画を検討し、設計図、仕様書等から工事に必要な施工数量を見積り、これに見積単価を乗じて金額を算定し、実際の施工管理に役立てるため、一般的には工種別、工程別に作成する。

この実行予算は設計、技術、購買等の各部門の協力のもと組織的に作成され管理者の承認を受けなければならない。

そして実行予算の作成、承認を受けた時点において工事の損益を確度をもって判断できる場合が多い。

2．実行予算と実績対比による原価管理

工事の原価管理を効果的に行うために、一般的には実行予算と実績を対比し原価改善を図る方法が行われている。

実行予算と実績対比による原価管理は、一般的に実行予算の工種別予算額と工種別に施工に伴い発生した実際原価に今後完成までに要する工事費用を見積った額の合計を対比して生じる差異を分析し、対策を講じることにより完成工事原価見込額が予算の枠内で達成できるように管理する。

工事番号	
工事名	

工事原価管理表（平成〇年〇月）

工　種	①実行予算	出来高	進捗度	②発生工事原価	原価差異	③残工事予算	原価差異合計 ((①-②-③))
砂	10,000	10,000	100%	10,000	0	0	0
コンクリート	50,000	25,000	50%	24,500	△500	24,500	△1,000
鉄筋	39,000	39,000	100%	39,260	260	0	260
鉄骨	40,000	40,000	100%	39,800	△200	0	△200
〜	〜	〜	〜	〜	〜	〜	〜
計	300,000	120,000	40%	118,500	△1,500	179,700	△1,800

この実行予算と実績対比により生じる差異については、その差異が材料等

の消費量、作業時間等の数量による差異であるのか、調達単価、賃率等の価格による差異なのか、また、当該差異が管理可能な差異なのか等を分析してその差異の発生原因等を把握する必要がある。

工事責任者は、その分析結果を踏まえて適切な対策を講じ工事の原価改善に努めなければならない。

工事番号	
工事名	

原価差異分析（平成〇年〇月）

工　種	実行予算			①出来高				②発生工事原価			原価差異（①-②）			分析結果
	数量	単価	金額	数量	単価	金額	進捗度	数量	単価	金額	数量	単価	金額	
（コンクリート）			(50,000)			(25,000)	50%			(24,500)			(△500)	
生コン	200	200	40,000	100	200	20,000	50%	100	195	19,500	100	△5	△500	単価差異
コンクリート工	200	50	10,000	100	50	5,000	50%	100	50	5,000	0	0	0	
（鉄筋）			(39,000)			(39,000)				(39,260)			(260)	
鉄筋	300	100	30,000	300	100	30,000	100%	302	100	30,200	2	100	200	｝数量差異
鉄筋工	300	30	9,000	300	30	9,000	100%	302	30	9,060	2	30	60	
〜〜														
合　計			300,000			120,000				118,500			△1,500	

この実行予算と実績対比による原価管理は、実務的には月次で行われる場合が多く、月次で見直された最新の工事の最終損益見込額が重要な経営情報として管理者、経営者に報告される。

このため、経営者は実行予算による原価管理の体制が有効に機能するよう構築する必要がある。

第6章

建設業の勘定科目と会計処理等

① 金銭債権

1. 金銭債権の定義

　金銭債権とは金銭の給付を受ける権利をいい、預金、受取手形、完成工事未収入金、貸付金等が含まれる。

2. 勘定科目

　金銭債権に関連して次の主な勘定科目がある。

　預金　金融機関に対する預金で、当座預金、普通預金、通知預金、定期預金、別段預金、郵便貯金等で決算日以降1年以内に現金化できるものを記載する。
　　金融機関に対する預金で満期日が1年を超えるものは投資その他の資産に記載する。

　受取手形　工事代金等の営業取引に基づいて発生した手形債権を記載する。
　　一般的には工事請負代金に係る手形債権をいい、材料貯蔵品、固定資産等の売却による営業取引以外の取引に基づいて発生した手形債権は営業外受取手形に記載する。
　　営業循環過程にある受取手形は1年基準（ワン・イヤー・ルール）の適用がないので手形期日が決算日から1年を超える手形であっても

流動資産で表示する。

 営業外受取手形 　工事代金等の営業取引に基づいて発生した手形債権以外で、材料貯蔵品、固定資産等の売却に基づいて発生した手形債権は営業外受取手形に記載する。

　営業外受取手形は1年基準（ワン・イヤー・ルール）が適用され、手形期日が決算日から1年を超える手形は投資その他資産に記載する。

 完成工事未収入金 　完成工事高に計上した工事にかかる請負代金の未収額を記載する。工事進行基準を適用する場合、工事の進行途上において完成工事高に計上した請負代金の未収額及び工事完成基準を適用する場合、完成工事高に計上した請負代金の未収額を記載する。

　完成引渡した工事であって請負代金の全部又は一部が確定していない場合には、その金額を見積った完成工事未収入金も含まれる。

　なお、消費税等を税抜方式による場合でも完成工事未収入金には消費税等を含む。ただし、工事進行基準を適用して計上した完成工事未収入金には一般的に消費税等の未収額は含めない。

　工事進行基準の適用により計上した完成工事未収入金は、法的には債権でないが、会計上は法的債権に準ずるものと考え金銭債権として取扱う。

　営業取引に基づいて発生した完成工事未収入金は受取手形と同じく1年基準（ワン・イヤー・ルール）の適用がないため入金期日が決算日から1年を超えるものであっても流動資産に記載する。

　ただし、完成工事未収入金であっても破産債権、更生債権等に該当して営業循環過程を外れた場合、決算日から1年以内に弁済を受けられないものは投資その他資産に記載する。

 破産更生債権等 　受取手形、完成工事未収入金等の営業債権及び貸付

金、営業外受取手形、立替金等のその他の債権のうち破産債権、更生債権、再生債権等に該当して決算日から1年以内に弁済が受けられない債権を記載する。

3.会計処理等

> **Point** 金銭債権には、原則としてその取得価額を付す。

　金銭債権は、原則として取得価額をもって貸借対照表価額とするが、取得価額が金銭債権と異なる場合は適正価額を貸借対照表価額とすることができる。
　金銭債権は、企業等の主目的の営業取引から生じた営業債権と営業外債権に区分される。

(1) 貸借対照表価額
　貸借対照表価額は次により計上する。
　① 原則　　金銭債権は取得価額により計上する。
　② 取得価額と債権金額が異なる場合

　　　　　　債権を債権金額より低い価額又は高い価額で取得した場合、取得価額と債権金額との差額の性格が金利の調整と認められる時は、償却原価法に基づいて算定された価額を計上する。

　　　　　　ここで、償却原価法とは、金融資産又は金融負債を債権額又は債務額と異なる金額で計上した場合において、当該差額に相当する金額を弁済期又は償還期に至るまで毎期一定の方法で取得価額に加減する方法をいう。この場合、当該加減額は受取利息又は支払利息に含めて処理する。

(2) 債権の譲渡

受取手形を割引又は裏書譲渡した場合、金融商品会計基準による金銭債権の譲渡に該当し、割引等した時点で割引等の対価と帳簿価額との差額を手形売却損して処理する。

従来は手形割引料を金融費用として割引日から決済日までの期間配分を行っていたが、金融商品会計基準では、債権の譲渡としたため割引等した時に一括して手形売却損として計上する。

(3) デリバティブ取引

デリバティブ取引とは現物の取引から派生した取引という意味で、株式、債券、金利、通貨等の現物の資産の価格に応じて価値が変動するような商品をデリバティブといい、先物取引、先渡取引、オプション取引、スワップ取引等がある。

金融商品会計基準によればデリバティブ取引により生じる正味の債権及び債務は、時価をもって貸借対照表価額とし、評価差額は原則として、当期の損益として処理する。

デリバティブについては、契約時から価格変動リスク、信用リスクが生じることから、契約後の価値の変動をデリバティブへの投資の成果として認識してデリバティブを時価評価し、評価差額を原則として当期の損益として処理する。

ただし、ヘッジ会計の要件を満たすデリバティブ取引については、時価評価は行われるが評価差額を損益に計上せず、繰延べる（繰延ヘッジ）。

(4) 開示
① 貸借対照表の表示
 i 営業債権（正常営業循環基準）

  企業等の主目的の営業取引により発生した受取手形、完成工事未収入金等は正常な営業循環過程にある債権であるから1年基準（ワン・イ

ヤー・ルール）を適用しないで流動資産の部に表示する。
ⅱ　営業外債権　（１年基準（ワン・イヤー・ルール））
　　企業等の主目的以外の取引により発生した貸付金、未収入金等の債権で決算日から１年以内に入金の期限が到来するものは流動資産の部で表示し、１年を超えるものは投資その他の資産の部に表示する。
ⅲ　関係会社に対する金銭債権区分
　　会社法では、関係会社に対する金銭債権の表示方法は次のいずれかの方法によることができる（計規第103条第6項）。
　　(a)　各勘定科目の次に関係会社に対する分を区分表示する。
　　(b)　(a)の各金額を注記する。
　　(c)　その合計額を注記する。
　　ただし、省令様式は(c)の方法を規定しており、その他の表示方法を認めていない。

② 損益計算書の表示
ⅰ　手形売却損
　　金融商品会計基準により受取手形の割引又は裏書譲渡は、割引等した時点で割引等の対価と帳簿価額との差額を手形売却損として一括して営業外費用で処理する。
ⅱ　償却原価法による利息
　　償却原価法は取得価額と債権金額に差額がある場合に、その差額の性格が金利の調整と認められることから取得時から決済時までの利息として期間に配分して受取利息として営業外収益で処理する。
ⅲ　デリバティブの評価差額
　　デリバティブ取引により生じる評価差額は財務活動の成果として当該評価損益を営業外収益又は営業外費用で処理する。

③ 注記
　i　割引手形、裏書手形
　　受取手形を割引又は裏書譲渡した場合、手形の遡及義務が生じるため偶発債務として割引手形金額及び裏書譲渡金額を注記する（計規第103条第5項）。
　ii　関係会社に対する金銭債権
　　関係会社に対する金銭債権を各勘定科目の次に関係会社に対する金額を区分表示しない場合は、その金銭債権が属する項目の金額又はその合計金額を注記する（計規第103条第6項）。
　iii　取締役、監査役等に対する金銭債権
　　取締役、監査役等との間の取引により金銭債権がある時は、その総額を注記する（計規第103条第7項）。

② 貸倒損失、貸倒引当金

1. 貸倒損失、貸倒引当金の計上

　会社法は資産の評価の通則において取立て不能の恐れのある債権については事業年度の末日において、その時に取り立てることができないと見込まれる額を控除しなければならないとしている（計規第5条第4項）。
　ここで取立て不能の恐れがある場合とは、債務者の財政状態、取立てのための費用、及び困難さ等を勘案して社会通念に従って判断した時に回収の恐れがある場合をいう。
　債権は、決済や譲渡により消滅するほか、会社更生法や民事再生法等の適用により債権の一部が切り捨てられた場合にも消滅する。
　債権が切り捨てられた場合、債権が法律上消滅しているので貸倒損失を計上する。
　また、債権が法律上消滅していなくても債務者の財政状態及び支払能力から債権の全額が回収できないことが明らかな場合は貸倒損失を計上する。

2. 勘定科目

　貸倒損失及び貸倒引当金に関連して次の主な勘定科目がある。
　 貸倒引当金 　受取手形、完成工事未収入金、貸付金、未収入金、立替金又はこれらに準ずる債権及び、長期貸付金、破産更生債権等又はこれらに準ずる債権に対する貸倒見込額を記載する。

流動資産に属する債権に対する貸倒引当金は流動資産の部、投資その他の資産に属する債権に対する貸倒引当金は固定資産の部に記載する。

　貸倒引当金繰入額　営業取引に基づいて発生した受取手形、完成工事未収入金等の債権及び営業取引以外の取引に基づいて発生した貸付金等の債権に対する貸倒引当金繰入額を記載する。

　営業取引に基づいて発生した債権に対する貸倒引当金繰入額は販売費及び一般管理費、営業外取引に基づいて発生した債権に対する貸倒引当金繰入額は営業外費用に記載する。

　貸倒損失　営業取引に基づいて発生した受取手形、完成工事未収入金等の債権及び営業取引以外の取引に基づいて発生した貸付金等の債権に対する貸倒損失を記載する。

　営業取引に基づいて発生した債権に対する貸倒損失は販売費及び一般管理費、営業外取引に基づいて発生した債権に対する貸倒損失は営業外費用に記載する。

3. 会計処理等

> **Point**
> - 貸倒損失は法律上債権が消滅した場合のほか、債務者の財政状態等から回収不能の債権がある場合に計上する。
> - 貸倒引当金は債権に取立て不能の恐れがある場合に当該見込額を計上する。

　債権が会社更生法等により一部切り捨てられ法的に消滅した場合、及び法的には消滅していないが実質的に回収不能である場合には、貸倒損失を計上する。
　また、貸倒引当金は、債権の回収可能性を検討して計上する評価性引当金であり、債務者の財政状態等に応じて債権を分類して算定する。

(1) 貸倒損失

　法律上債権が消滅した場合とは、会社更生法、民事再生法等の適用により債権の一部が切り捨てられた場合をいい、また回収不能債権がある場合とは法律上債権が消滅していなくても、債務者の財政状態、支払能力からみて債権の全額が回収できないことが明らかである場合をいい、いずれも債権金額から控除して貸倒損失を計上する。

(2) 貸倒引当金の算定

　会社法は資産の通則を規定しているもので具体的な貸倒引当金の算定は金融商品会計基準に従い次のように債務者の財政状態及び経営成績等に応じて債権を分類して算定する。

債権分類	財政状態及び経営成績等	算定方法
一般債権	経営状態に重大な問題が生じていない債務者に対する債権	債権全体又は同種、同類の債権ごとに、債権の状況に応じて求めた過去の貸倒実績率等の合理的な基準により算定する (貸倒実績率法)
貸倒懸念債権	経営破綻の状態には至っていないが、債務の弁済に重大な問題が生じているか又は生じる可能性の高い債務者に対する債権	原則、債権金額から担保の処分見込額及び保証による回収見込額を減額し、その残額について債務者の財政状態及び経営成績を考慮して算定する (財務内容評価法)
破産更生債権等	経営破綻又は実質的に経営破綻に陥っている債務者に対する債権	債権金額から担保の処分見込額及び保証による回収見込額を減額し、その残額を取立不能額として算定する

　なお、貸倒懸念債権の算定方法には財務内容評価法又はキャッシュ・フロー見積法があるが建設業では一般的に財務内容評価法によっている。

(3) 貸倒引当金の繰入れ、取崩し及び相殺表示

　① 貸倒引当金の繰入れ方法

　　貸倒引当金を算定する方法には、個々の債権ごとに見積る方法(個別

法）と債権をまとめて過去の実績率により見積る方法（総括引当法）とがあるが貸倒引当金の繰入れ及び取崩しの処理は引当ての対象となった債権の区分ごとに行う。

② 直接減額による取崩し

債権の回収可能性がほとんどないと判断された場合には、貸倒損失額を債権から直接減額して、当該貸倒損失額と当該債権に係る前期貸倒引当金残高のいずれか少ない金額まで貸倒引当金を取り崩し、当期貸倒損失額と相殺しなければならない。

なお、この場合、当該債権に係る前期末の貸倒引当金が当期貸倒損失額に不足する場合において、貸倒引当金の不足が対象債権の当期中における状況の変化によるものであれば当該不足額を債権の性格により販売費及び一般管理費又は営業外費用に計上する。

他方、貸倒引当金の不足が計上時の見積誤差等によるもので、明らかに過年度損益修正に相当すると認められる場合には、当該不足額を原則として特別損失に計上する。

③ 直接減額後の回収

貸倒見積高を債権から直接減額した後に、残存する帳簿価格を上回る回収があった場合には、原則として回収時の特別利益に計上する。

④ 繰入額と取崩額の相殺

貸倒引当金のうち直接償却により債権額と相殺した後の不要となった残額がある時には、これを取り崩さなければならない。

ただし当該取崩額はこれを当期繰入額と相殺し、繰入額の方が多い場合にはその差額を繰入算定の基礎となった対象債権の割合等合理的な按分基準によって販売費及び一般管理費又は営業外費用に計上する。

また、取崩額の方が大きい場合には、その取崩差額を原則として特別利益に計上する。

(4) 開示

① 貸借対照表の表示

会社法では貸倒引当金の表示方法は、次のいずれかの方法によることができる（計規第78条、第103条第2号）。

i 当該各資産の項目に対する控除項目として記載する。
ii 流動資産、投資その他の資産の区分に応じ、これらの資産に対する控除項目として一括して記載する。
iii 当該各資産の金額から直接控除し、その引当金残高を科目ごとに注記する。
iv 当該各資産の金額から直接控除し、その引当金残高を一括して注記する。

ただし、省令様式はiiの方法を規定しており、その他の表示方法を認めていない。

iiの表示方法による場合、流動資産に属する債権に対する貸倒引当金は流動資産の部に、投資その他の資産に属する債権に対する貸倒引当金は投資その他の資産の部に記載する。

② 損益計算書の表示

i 販売費及び一般管理費

営業取引に基づいて発生した受取手形、完成工事未収入金等の債権に対する貸倒引当金繰入額及び貸倒損失は販売費及び一般管理費に記載する。

ii 営業外費用

営業取引以外の取引に基づいて発生した貸付金等に対する貸倒引当金繰入額及び貸倒損失は営業外費用に記載する。

iii 特別利益

貸倒引当金の繰入額と貸倒損失充当後の貸倒引当金の取崩額を相殺した結果、取崩額が多額な場合は取崩差額を特別利益に記載する。

また、債権を直接減額した後に、残存する帳簿価額を上回る回収があった場合には原則、特別利益に記載する。

iv 特別損失

債権に対する貸倒引当金繰入額及び貸倒損失で異常なものは特別損失に記載する。

ここで異常なものとは、経済状況の急激な変化等により発生した貸倒引当金繰入額及び貸倒損失で発生経緯の異常性及び金額の異常性があるものをいう。

(5) 税法上の取扱い

法人税法の貸倒引当金の繰入限度額は、次のように金銭債権を一括評価債権と個別評価債権に区分して算定する。

債権区分	定義	貸倒引当金繰入限度額の算定方法
一括評価金銭債権	個別評価金銭債権以外の金銭債権	債権金額に過去3年間の貸倒実績率を乗じた金額
個別評価金銭債権	更生計画の認可決定に基づいて5年を超えて賦払いにより弁済される債権	債権金額のうち5年を超えて弁済される部分の金額(担保権の実行等により取立て等の見込みのある金額を除く)
	債務超過がおおむね1年以上継続し事業の好転の見通しのない債務者に対する債権	取立不能見込額(担保権の実行等により取立て等の見込みのある金額を除く)
	会社更生法、民事再生法、破産等の申し立てや手形取引停止処分があった場合における債権	債権金額(実質的に債権と認められない部分の金額及び保証履行その他により取立て等の見込みのある金額を除く)の50%相当額

中小法人(資本金1億円以下の法人)の法定繰入率の選択適用の特例

中小法人の一括評価金銭債権に係る貸倒引当金については租税特別措置として法定繰入率と貸倒実績率との選択適用が経過的に認められる(措置法第57条の第10号)。

(6) 中小企業の取扱い

　中小企業会計指針では中小企業の実務を考慮して、法人税法における貸倒引当金の繰入限度額相当額が取立不能見込額を明らかに下回っている場合を除き、その繰入限度相当額を貸倒引当金に計上することができるとして税法基準による貸倒引当金の算定を認めている。

③ 有価証券

1. 有価証券の定義と分類

(1) 定義

有価証券の概念には法律上の有価証券とそれより範囲の狭い会計上の有価証券がある。

 法律上の有価証券

  財産権を有する証券で、その権利の移転又は行使に証券が必要なもので、手形、小切手、株券、債券、船荷証券、商品券等がある。

 会計上の有価証券

  基本的には金融商品取引法上の有価証券で株券、債券、社債の受益証券等がある。

(2) 分類

金融商品会計基準の適用に伴い有価証券はその保有目的により次のように区分する。

 ① 売買目的有価証券
  時価の変動により利益を得ることを目的として保有する有価証券
 ② 満期保有目的の債券
  満期まで保有することを目的として保有する社債その他の債券

③ 子会社株式及び関連会社株式

　子会社株式及び関連会社株式は、金融商品取引法適用会社では、支配力基準及び影響力基準に基づき子会社及び関連会社に該当する会社の株式

④ その他の有価証券

　その他の有価証券は、売買目的有価証券、満期保有目的の債券、子会社株式及び関連会社株式以外の有価証券

　株式の持合い等業務目的で保有する有価証券や長期的な時価の変動で利益を得ることを目的に保有する有価証券が含まれる。

2．勘定科目

有価証券に関連して次の主な勘定科目がある。

　有価証券　時価の変動により利益を得ることを目的として保有する有価証券（売買目的有価証券）及び決算日から1年以内に満期が到来する有価証券を記載する。

　売買目的有価証券は短期間の価格変動により利益を得ることを目的として保有する有価証券で建設会社等では一般的には保有していない。

　また、満期保有目的の債券とその他の有価証券に含まれる債券のうち1年以内に満期の到来するものは有価証券に記載する。

　投資有価証券　流動資産に記載された有価証券、子会社株式及び関連会社株式以外の有価証券を記載する。

　関係会社株式　子会社及び関連会社等の関係会社の株式を記載する。

　子会社株式及び関連会社株式は、いわゆる支配力基準及び影響力基準に基づき子会社及び関連会社に該当する株式である。

　関係会社とは、当該株式会社の親会社、子会社及び関連会社並びに当

該株式会社が他の会社等の関連会社である場合における当該他の会社等をいう（計規第2条第3項第22号）。

　子会社とは、会社がその総株主の議決権の過半数を有する株式会社その他の当該会社がその経営を支配している法人をいい（会社法第2条第3号）、関連会社とは、会社が他の会社等の財務及び事業の方針の決定に対して重要な影響を与えることができる場合における当該他の会社（子会社を除く）をいう（計規第2条第3項第18号）。

有価証券売却益（損）　売買目的有価証券の売却損益及び純投資目的で保有する投資有価証券の売却損益で、ある程度経常性が認められるものを記載する。

投資有価証券売却益（損）　株式の持合い等業務目的で保有する投資有価証券等の売却損益を記載する。

3. 会計処理等

> **Point**
> - 有価証券は保有目的により区分し、その区分に応じて評価する。
> - 有価証券は売買目的有価証券を除き取得原価で貸借対照表価額とすることができる。
>   ただし、その他の有価証券は時価を貸借対照表価額とし、評価差額は純資産の部に計上する。
> - 市場価格のある有価証券を取得原価で貸借対照表に計上する場合であっても時価が著しく下落した時は、回復の見込みがある場合を除き、時価をもって貸借対照表価額とし、評価差額は特別損失に計上する。

　有価証券は保有目的により区分し、その区分に応じて評価基準を適用し、生じた評価差額を処理する。
　有価証券（売買目的有価証券を除く）は、時価又は実質価額が著しく下落し

た場合には評価減しなければならない。

（1）取得原価
　有価証券の取得原価には取得価額に購入手数料その他の付随費用を含める。

（2）評価方法
　有価証券の評価方法は移動平均法又は総平均法による。

（3）評価基準と評価差額の処理
　① 売買目的有価証券
　　決算日の時価をもって貸借対照表価額とする。
　　評価差額は営業外損益で処理する。
　② 満期保有目的の債券
　　取得原価をもって貸借対照表価額とする。
　　ただし、債券を債券金額より低い価額又は高い価額で取得した場合で、取得価額と債券金額との差額の性格が金利の調整と認められる時は、償却原価法に基づいて算定された価額をもって貸借対照表価額とする。
　　償却原価法による差額は金利として受取利息又は支払利息に含めて処理する。
　③ 子会社株式及び関連会社株式
　　取得原価をもって貸借対照表価額とする。
　　子会社株式及び関連会社株式については、事業投資と同じく時価の変動の成果とはとらえない考えによる。
　④ その他の有価証券
　　ⅰ 時価のある有価証券
　　　時価をもって貸借対照表価額とし、評価差額は洗替方式により次のいずれかの方法による。

- 全部純資産直入法　　評価差額を純資産の部に計上する。
- 部分純資産直入法　　評価差益は純資産の部に計上し、評価差損は当期の損失として処理する。

　　なお、一般的には全部純資産直入法によっている。
　　また、純資産の部に計上される評価差額については税効果を適用する。
　ⅱ　時価のない有価証券
　　　取得原価をもって貸借対照表価額とする。

　有価証券の保有目的区分による評価基準と評価差額の処理をまとめると次のようになる。

保有目的区分		評価基準	評価差額の処理
売買目的有価証券		時価	営業外損益
満期保有目的の債券		（原則）取得原価 （例外）償却原価	該当なし 償却原価法による差額は営業外損益
子会社株式及び関連会社株式		取得原価	該当なし
その他の有価証券	時価がある	時価	全部純資産直入法 　　純資産の部 部分純資産直入法 　　評価差益は純資産の部 　　評価差損は当期の損失
	時価がない	（原則）取得原価 （例外）債券：償却原価	該当なし 償却原価法による差額は営業外損益

（4）有価証券の減損

　満期保有目的の債券、子会社株式及び関連会社株式及びその他の有価証券は次の状況になった時には有価証券の減損を計上する。

① 時価のある有価証券
　　有価証券の時価が著しく下落した時は、回復する見込みがあると認められる場合を除き、当該時価をもって貸借対照表価額とし、評価差額は

当期の損失として処理する。

時価が著しく下落した時の判定は次のとおりである。

下落率	取扱い
30％未満	著しい下落には該当しない
30％以上 50％未満	企業等が合理的な基準を設けて、当該基準に該当する評価差額の合計額が重要性を有する場合に、回復可能性を判定し減損処理の要否を決定する
50％以上	著しい下落に該当し、合理的な反証がない限り回復する見込みがないものとして、減損処理をする

株式の場合の回復の可能性は、時価の下落が一時的なもので、決算日からおおむね１年以内に時価が取得原価にほぼ近い水準まで回復する見込みがあるとする合理的な根拠を示す必要があり、単なる回復可能性の期待や見込みによることは認められない。

債券の場合の回復の可能性については、

　　i　単に一般市場金利の大幅な上昇によって時価が著しく下落した場合であって、保有期間中にいずれ時価の回復が見込まれる場合には回復可能性があると認める。

　　ii　債券の格付けの著しい低下があった場合や債券発行会社が債務超過等の信用リスクの増大により時価が著しく下落した場合には十分な根拠により反証できる場合を除き回復可能性があるとは認められない。

② 時価のない有価証券
　　i　株式

　　　時価のない株式は取得原価をもって貸借対照表価額とするが、当該株式の発行会社の財政状態の悪化により実質価額が著しく低下した時は相当の減額を行い、評価差額は当期の損失として処理する。

　　　ここで実質価額とは、一般に公正妥当な会計基準に準拠して作成された財務諸表をもとに土地等の評価差額を反映して算定した純資産額

をいう。

　実質価額が著しく低下した時とは、株式の実質価額が取得原価に比べ50％程度以上低下した場合をいい、このような場合一般的には回復可能性はないと判断されるが、回復可能性が十分な証拠により裏付けられるなら減損しないことも認められる。

ⅱ　債券

　時価のない債券の貸借対照表価額は、債権の貸借対照表価額に準ずるとされているため、当該債券については償却原価法を適用したうえで、債権の貸倒見積高の算定方法に準じて償還不能見積高を算定して会計処理する。

(5) 開示

① 貸借対照表の表示

　売買目的有価証券及び決算日から1年以内に満期が到来する社債その他の債券は流動資産の部に、それ以外の有価証券は投資その他の資産に表示する。

　有価証券は保有目的により区分されるが貸借対照表の表示は次のようになる。

保有目的区分		貸借対照表の表示
売買目的有価証券		有価証券
満期保有目的の債券	1年以内	
	1年超	投資有価証券
その他の有価証券		
子会社株式及び関連会社株式		関係会社株式

② 損益計算書の表示

ⅰ　評価差額

　保有目的区分による有価証券の評価差額の損益計算書の表示は次のようになる。

保有目的区分		損益計算書の表示
売買目的有価証券		有価証券運用利益（損）
満期保有目的の債券		償却原価法による差額は有価証券利息
その他の有価証券	時価がある	部分純資産直入法の評価差損は投資有価証券評価損
	時価がない	債券で償却原価法の差額は有価証券利息

　なお、投資有価証券及び関係会社株式に関する時価又は実質価額が著しく下落したことによる減損の評価差額は投資有価証券評価損及び関係会社株式評価損として特別損失に表示する。

　　ⅱ　売却損益
　　　保有目的区分による有価証券の売却損益の損益計算書の表示は次のようになる。

保有目的区分	損益計算書の表示
売買目的有価証券	有価証券売却益（損）
子会社株式及び関連会社株式	関係会社株式売却益（損）
その他の有価証券	政策保有目的株式等（臨時的）　投資有価証券売却益（損）
	純投資目的株式等（経常的）　有価証券売却益（損）

　「金融商品会計に関するQ&A」Q68によれば、有価証券の売却損益の損益計算書の表示は貸借対照表の流動資産区分に計上されたものは営業外損益区分で表示し、固定資産区分に計上されたものは特別損益区分で表示することになるものと思われるとしているが、一方で特別損益は本来、経常性を有しない臨時的なものに限定し、それ以外の場合は営業外損益に計上することが適当と考えられるとしている。
　政策目的で保有する株式等の売却によるものは、一般的には臨時性が認められることから特別損益に計上し、純投資目的で保有する株式等の売却についてはある程度経常性が認められれば営業外損益に計上することが適当としている。

(6) 税法上の取扱い

① 有価証券の分類

法人税法では有価証券を保有目的により次のように区分している。

保有目的区分	内容
売買目的有価証券	専担者売買有価証券 売買目的有価証券等の勘定科目により区分した有価証券
満期保有目的等有価証券	満期保有目的債券等の勘定科目により区分した有価証券 企業支配株式
その他の有価証券	上記以外の有価証券

② 有価証券の評価損

法人の有する株式等の有価証券については次のような事実が生じた場合には、評価損の損金算入が認められる。

ⅰ 上場有価証券（企業支配株式等を除く）の価額の著しい低下

ⅱ ⅰ以外の有価証券の発行法人の資産状態が著しく悪化したため、その価額が著しく低下

ⅲ その他ⅱに準ずる事実

なお、平成21年4月、国税庁は企業が保有する上場有価証券の時価が帳簿価額に比べて50％以上下落し、会計上減損処理が行われた場合において、税務上その評価損を損金算入するに当たっての取扱いを明確にするため「上場有価証券の評価損に関するQ&A」を公表した。

(7) 中小企業の取扱い

中小企業会計指針では中小企業の実務を考慮して、有価証券について次のような取扱いを認めている。

① 売買目的有価証券とそれ以外の有価証券の区分については法人税法の規定による分類

② 時価のあるその他有価証券を保有していても、それが多額でない場合には、取得原価で評価する

③ 有価証券の減損処理について、法人税法に定める処理によった場合に

比べ重要な差異がないと見込まれる時は、法人税法の取扱いによる

④ 棚卸資産

1. 建設業の棚卸資産の範囲

棚卸資産の範囲は、企業等がその営業目的を達成するために所有し、かつ、売却を予定する資産であり、一般製造業であれば製品、原材料、仕掛品等の資産であるが、建設業の棚卸資産は次のように分けられる。

(1) 工事請負業に係る棚卸資産　　未成工事支出金及び材料貯蔵品
(2) 不動産事業に係る棚卸資産　　販売用不動産及び不動産事業等支出金
　　　　　　　　　　　　　　　　（以下、販売用不動産等という）

2. 勘定科目

棚卸資産に関連して次の主な勘定科目がある。

未成工事支出金 工事請負契約に基づき施工した工事で工事進行基準を適用する場合、発生した工事原価のうち、いまだ損益計算書に計上されていない工事費、及び工事完成基準を適用する場合、工事の完成引渡しまでに発生した工事費を記載する。

未成工事支出金は、完成工事高に計上していない工事に要した工事費であり、製造業における仕掛品に相当するものである。

建設業は工事の完成を請負うことを業としており、工事が完成したまでの棚卸資産はないので一般製造業における製品に相当する勘定科目

はない。

　未成工事支出金は、負債の部の未成工事受入金と対応するもので建設業独自の勘定科目である。

　建設業は受注した工事を施工するにあたり、個別原価計算を採用して、工事ごとに発生する工事原価を記録、集計している。

　この発生する工事原価を集計する勘定が未成工事支出金勘定である。

　建設業会計では工事収益の計上は決算時において行う会計慣行があるため、決算時までの各月では未成工事支出金勘定に集計して、決算時に工事進行基準又は工事完成基準の適用により完成工事高に計上した工事に対応する工事原価を未成工事支出金勘定から完成工事原価に振替処理する。

　その際、前渡金、未使用材料、仮設材料等でいまだ工事に使用等されていない部分があれば、当該工事費は完成工事原価から控除して適正な完成工事原価にしなければならない。

　|材料貯蔵品|　工事用原材料、仮設材料、機械部品等の消耗工具器具及び備品並びに事務用消耗品等のうち未成工事支出金勘定又は販売費及び一般管理費として処理されなかったものを記載する。

　建設業では工事の種類、仕様、構造、施工する場所等がそれぞれ異なり、また、個別原価計算を採用していることから、工事材料、仮設材料等は材料貯蔵品勘定を経由した受払い管理をせずに各工事ごとに引当購入して直接に未成工事支出金勘定に計上している。

　このため、建設業においては一般製造業に比べ材料貯蔵品の金額的重要性はない。

　|販売用不動産等|　販売又は開発して販売する目的をもって所有する土地、建物その他の不動産であり販売目的で保有する不動産（開発不動産）と転売目的で保有する不動産（転売不動産）を記載する。

開発不動産は自社の事業計画で、マンションの分譲、宅地の造成分譲等の開発行為を行い、付加価値を高めて販売し利益を得る事業で、開発が完了し販売に供している物件は販売用不動産、開発が完了していない物件は不動産事業等支出金に区分する。
　販売用不動産等は未成工事支出金とは異なり、あらかじめ売却先及び売価が定められておらず、市場において販売を予定する一般製造業の商品、製品、仕掛品と性質を同じくするものである。

3．会計処理等

> **Point**
> - 棚卸資産の取得原価は製造原価又は購入代価に引取費用等の付随費用を加算する。
> - 未成工事支出金は工事契約会計基準、材料貯蔵品及び販売用不動産等は棚卸資産会計基準を適用する。

　建設業の主たる棚卸資産である未成工事支出金は工事契約会計基準を適用し原価法により、材料貯蔵品及び販売用不動産等は棚卸資産会計基準を適用し原価法（簿価切下げ法）による。

（1）取得価額
棚卸資産の取得原価は次による。
① 自己の製造に係る棚卸資産
　　製造等のために要した材料費、労務費、外注費、経費等の合計額
② 購入した棚卸資産
　　購入の代価に購入手数料、引取運賃、荷役費等購入のために要した費用を加算した額
③ 上記以外の方法により取得した棚卸資産
　　交換、贈与等の場合は、取得の時における資産の取得に通常要する額
　　ただし、少額な付随費用は取得原価に加算しないことができる

(2) 評価方法

　棚卸資産の評価方法としては、個別法、先入先出法、移動平均法、総平均法等がある。

　未成工事支出金及び販売用不動産等の評価方法は個別原価計算を採用していることから個別法による。

(3) 評価基準

　棚卸資産の評価については、従来は取得原価をもって貸借対照表価額とし（原価法）、時価が取得原価よりも下落した場合には時価による方法（低価法）を適用することができるとし、選択適用を認めていた。

　しかしながら、国際的な会計基準との調和等から平成18年7月に「棚卸資産の評価に関する会計基準」（企業会計基準第9号）が公表され棚卸資産の評価基準は原価法（貸借対照表価額は収益性の低下に基づく簿価切下げの方法により算定）に統一された。

　建設業の棚卸資産には、未成工事支出金、材料貯蔵品、販売用不動産等があるが、建設業の主たる棚卸資産である未成工事支出金には棚卸資産会計基準は適用しないで、工事契約会計基準を適用する。

① 未成工事支出金
　　i 工事契約会計基準の適用
　　　未成工事支出金については、工事契約会計基準を適用し評価基準は原価法による。
　　　ただし、工事契約について工事原価総額が工事収益総額を超過する可能性が高く、かつ、その金額を合理的に見積ることができる場合は、その超過すると認められる額を工事損失引当金として計上する。
　　　未成工事支出金は受注した工事に係る発生工事原価を完成工事高に計上するまで集計する勘定であって、市場において販売を予定してい

る一般製造業の仕掛品とは異なるものである。

このため、未成工事支出金については、棚卸資産会計基準を適用しないで、工事損失引当金を適切に計上することを規定している工事契約会計基準を適用する。

ⅱ 工事損失引当金の性格

工事損失引当金は、受注した工事について損失が見込まれる場合に、当該損失見込額を引き当てる会計処理であるが、それは、工事損失見込額の認識により既に支出された未成工事支出金及び見積追加工事原価の総投資額の一部の回収が見込めないとの認識をしたものであり棚卸資産の収益性の低下を反映した会計処理と同じ効果がある。

② 材料貯蔵品及び販売用不動産等

ⅰ 棚卸資産会計基準の適用

材料貯蔵品及び販売用不動産等については、棚卸資産会計基準を適用し、評価基準は原価法（貸借対照表価額は収益性の低下に基づく簿価切下げの方法）による。

通常の販売目的（販売するための製造目的を含む）で保有する棚卸資産は取得原価をもって貸借対照表価額とし、決算日における時価が取得原価より下落している場合には、当該時価をもって貸借対照表価額とし、当該評価差額は当期の費用として処理する。

ここで時価とは、原則として正味売却可能価額（売価から見積追加原価及び見積販売直接経費を控除したもの）をいう。

材料貯蔵品は、それ自体の販売を目的にするものではなく、各工事に払い出されることにより工事原価となり、工事の完成に伴い回収される棚卸資産である。

このような材料貯蔵品の正味売却価額には、継続適用を条件に購買

市場の時価に付随費用を加算した再調達原価（最終仕入原価を含む）によることができる。

なお、販売用不動産等の時価の考え方については「販売用不動産等の評価に関する監査上の取扱い」を参照。

ⅱ　洗替え法と切放し法
　棚卸資産会計基準では簿価切下げ額の戻し入れに関しては、継続適用を条件として戻し入れを行う方法（洗替え法）と戻し入れを行わない方法（切放し法）のいずれかの方法を棚卸資産の種類ごとに、また売価の下落原因を区分把握できる場合には、物理的劣化や経済的劣化等の要因ごとに選択適用ができる。
　これについては洗替え法の方が切放し法に比べ正味売却価額の回復の事実を反映するとする考え方と、固定資産の減損処理のように、簿価切下げにより費用処理した金額を正味売却価額が回復したからといって戻し入れることは適切でないとする考え方がある。
　洗替え法と切放し法のいずれが実務上適しているかについては企業等により異なることから、継続適用することを条件にして棚卸資産の種類ごとや売価の下落原因別に洗替え法と切放し法を選択適用できる。

③　評価差額の処理
　通常の販売目的（販売するための製造目的を含む）で保有する棚卸資産は取得原価をもって貸借対照表価額とし、決算日における時価が取得原価より下落している場合には、当該時価をもって貸借対照表価額とし、当該評価差額は原則として当期の売上原価で処理する。

4. 開示

（1）損益計算書の表示
① 未成工事支出金

工事損失引当金は、未成工事支出金について収益性の低下を反映したと同じ効果があることから、工事損失引当金繰入額は、売上原価で処理する。

② 材料貯蔵品及び販売用不動産等

通常の販売目的（販売するための製造目的を含む）で保有する棚卸資産について収益性の低下による簿価切下げ額は売上原価で処理するが、棚卸資産の製造に関連して不可避的に発生すると認められる時は製造原価として処理する。

また、この簿価切下げ額が重要な事業部門の廃止及び災害損失の発生等の臨時の事象に起因し、かつ、多額であるときは特別損失に計上する。

（2）注記等
① 未成工事支出金

工事損失引当金繰入額は注記する。

また、同一の工事契約につき棚卸資産と工事損失引当金の両方が計上されている場合に、両建て表示、又は相殺表示しているのかを注記する。

② 材料貯蔵品及び販売用不動産等

収益性の低下による簿価切下げ額に関しては、注記又は売上原価等の内訳科目として記載する。

ただし、金額の重要性が乏しい場合には省略することができる。

5. 税法上の取扱い

　法人税法では棚卸資産の評価方法を選定していない場合には、最終仕入原価法により算出した取得価額による原価法によって評価する（法法第29条第1項）。

6. 中小企業の取扱い

　中小企業会計指針では中小企業の実務を考慮して、棚卸資産の評価方法として期間損益の計算上著しい弊害のない場合には、最終仕入原価法によることもできるとしている。

　最終仕入原価法は直前に仕入れた棚卸資産の単価を使用して評価する方法であるが、値上りしている時は未実現の評価益を計上するため会計上は無条件に認めることは妥当ではない。
　このため、上場会社等においては基本的に最終仕入原価法は採用できないが、法人税法では最終仕入原価法を認めていること及び簡便なことから中小企業では採用している会社が多い。

⑤ 有形固定資産

1. 有形固定資産の範囲

　有形固定資産は企業等が販売目的でなく、経営活動のため長期間にわたり継続的に使用する実体のある資産で建物、構築物、機械装置、車両運搬具、工具器具備品、土地、リース資産、建設仮勘定等がある。なお、リース資産については、「⑪リース取引」で解説する。

　流動資産と固定資産の区分は、資産の属性により決定するものではなく、経営の保有目的によって行う。同じ土地であっても、販売目的で保有する土地は販売用不動産等であり、流動資産の部に区分される。

2. 勘定科目

　有形固定資産に関連して次の主な勘定科目がある。

　　建物　事業の用に供する目的をもって所有する社屋、倉庫、工場、社宅等の建物及びその付属設備を記載する。
　　　工事の完了後取壊し等する移動性仮設建物は臨時のものであるから原則として建物勘定に計上しない。
　　　パイプ造、軽量鉄骨造等の移動性仮設建物は、税法上、簡易建物の仮設のものとしているが、移設に伴い反復して組み立て使用されるものの取得のために要した費用を取得原価とすることができる（法基通2-2-8）。

したがって、骨組みだけで建物とすることは適当ではないので工具器具勘定で処理する。ただし、工事完了後引き続き倉庫住宅等として恒久的に使用する場合には以後は建物勘定に記載する。

　冷暖房設備、エレベーター、照明設備等の付属設備は建物勘定に含めて処理する方法と建物付属設備勘定を設けて処理する方法がある。

　付属設備を建物勘定に含める場合は付属設備の耐用年数が別に定められているので細目により建物と付属設備を区分するほうがよい。

　[構築物] 事業の用に供する目的をもって所有する土地に定着する舗装、下水道、塀等の土木設備又は工作物を記載する。

　[機械装置] 事業の用に供する目的をもって所有するクレーン、パワーシャベル、杭打機等の建設機械その他の各種機械及び装置を記載する。

　[車両運搬具] 事業の用に供する目的をもって所有するダンプカー、フォークリフト等の工事用車両、鉄道車両、自動車その他の陸上運搬具を記載する。

　[工具器具備品] 事業の用に供する目的をもって所有する測定工具、検査工具、取付工具等の工事及び工場用工具器具及び電子計算機、ロッカー、机等の備品を記載する。

　[土地] 事業の用に供する目的をもって所有する社屋、倉庫、工場、社宅等の自家用の土地を記載する。

　[建設仮勘定] 有形固定資産の建設が長期にわたるとき、その建設期間中の資産の購入及び建設のために支払われた材料費、労務費、経費等を記載する。

建設仮勘定は有形固定資産が完成し使用できる状態になったら、建物、構築物等の当該勘定に振り替える。

 資産除去債務 法令又は契約で要求される有形固定資産の除去時の費用を現在価値に割引いた額を記載する。

 資産除去債務とは有形固定資産の除去に関して法令又は契約によって生じる義務であり、アスベストの除去義務、賃借建物の原状回復義務等がある。

 資産除去債務の除去費用を現在価値に割引いた額を負債に計上し、同額を当該有形固定資産の取得価額に加えて資産計上する。

 「資産除去債務に関する会計基準」「資産除去債務に関する会計基準の適用指針」を参照。

 減価償却費 有形固定資産である建物、構築物、機械装置、車両運搬具、工具器具備品、リース資産に対する償却額及び無形固定資産である特許権、ソフトウエア、リース資産等に対する償却額を記載する。

 固定資産売却益（損） 土地、建物、構築物等の固定資産を売却したことによる利益（損失）で金額も多額で、臨時的に発生することから原則として、特別損益として表示する。

 なお、移動用仮設建物などの仮設資材や工事用機械装置の売却益（損）は毎期経常的に発生し金額的にも少額であることから機械部門等の補助部門を設けている場合には、これらの売却益（損）を当該補助部門の雑収入（雑支出）に含める。

3. 会計処理等

> **Point**
> - 固定資産の取得原価は購入の場合、購入代価に買入手数料、運送費、据付費等の付随費用を加算する。
> - 改良、修繕等を行う場合、資本的支出か修繕費かを区分する。
> - 有形固定資産の減価償却は定率法、定額法等により毎期継続して規則的に行う。
> - 圧縮記帳は、その他利益剰余金の区分の積立又は取崩しで行う。ただし、国庫補助金等で取得した資産等については直接減額方式によることができる。
> - 予測できない著しい資産価値の下落があれば、減損損失を計上する。

　有形固定資産の取得価額、減価償却の計算方法等については税法に規定があることから、実務上、それらについては税法の規定によった会計処理を行う場合が多い。

(1) 取得価額

　有形固定資産の取得価額は取得形態により異なり、主なものは次のとおりである。

　なお、少額な減価償却資産は、その取得事業年度において費用処理できる。

① 購入

　購入代価に買入手数料、運送費、据付費、試運転費等の付随費用を加えた額

　なお、付随費用が少額である場合は取得価額に含めないことができる。

② 自家建設

　建設のために要した材料費、労務費、経費等の額（建設に要する借入

金の利息で建設期間中の利息は取得価額に含めることができる）

(2) 資本的支出と修繕費

有形固定資産は取得後に改良、修繕等を行う場合がある。

その場合、当該改良費、修繕費等が資本的支出として取得価額に加算されるのか、修繕費として費用処理するのか実務上判断に迷うことがある。

資本的支出　固定資産の耐用年数を延長させ、又は、その価値を増加させる費用は改良費であり資本的支出として取得価額に加算する。

　　　　　　資本的支出の例として次のものがある。
- 建物の避難階段の取付費用
- 用途変更のための改造等に直接要した費用

修繕費　　　固定資産の通常の維持管理費用や壊れた固定資産を現状に回復するための費用は修繕費として費用処理する。

　　　　　　修繕費の例として次のものがある。
- 建物の解体移築費用
- 機械の移設に要した費用

形式基準による修繕費の判定

固定資産について支出した費用が資本的支出であるか修繕費であるか区分が明らかでない金額がある場合、税法は、一定の形式基準によって区分を行うことを認めている（法基通7-8-2～5）。

資本的支出と修繕費の判定

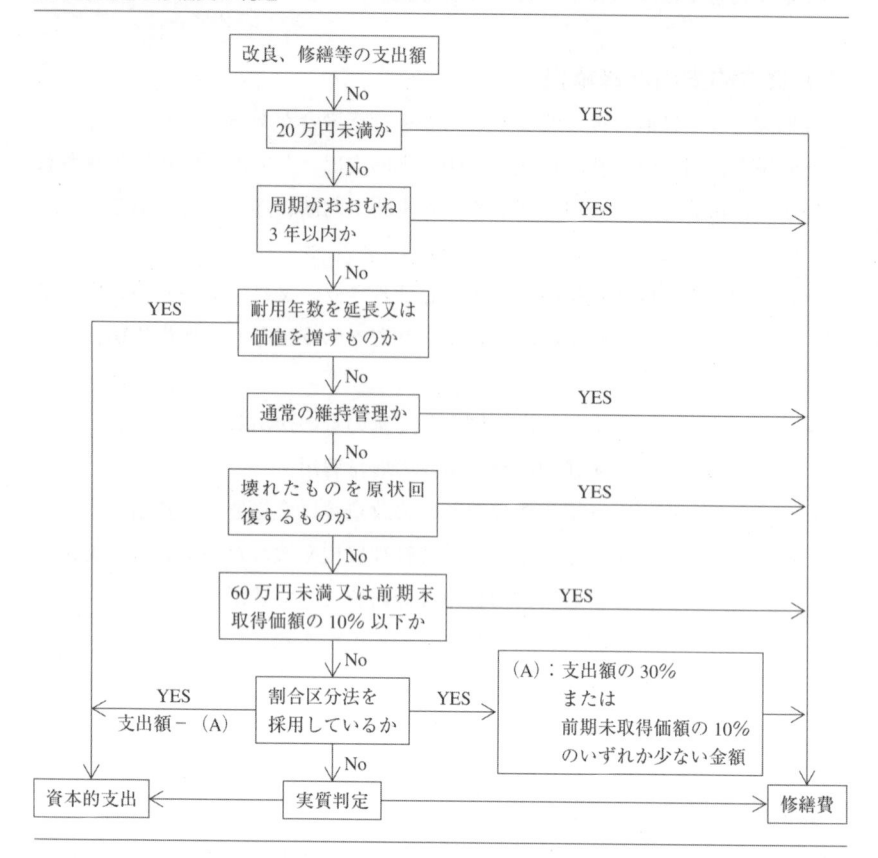

```
           ┌──────────────────┐
           │ 改良、修繕等の支出額 │
           └────────┬─────────┘
                    │ No
           ┌────────▼─────────┐   YES
           │  20万円未満か     ├──────────────────────────┐
           └────────┬─────────┘                          │
                    │ No                                 │
           ┌────────▼─────────┐                          │
           │ 周期がおおむね     │   YES                    │
           │ 3年以内か         ├──────────────────────────┤
           └────────┬─────────┘                          │
                    │ No                                 │
    YES    ┌────────▼─────────┐                          │
  ┌────────┤ 耐用年数を延長又は │                          │
  │        │ 価値を増すものか   │                          │
  │        └────────┬─────────┘                          │
  │                 │ No                                 │
  │        ┌────────▼─────────┐   YES                    │
  │        │  通常の維持管理か  ├──────────────────────────┤
  │        └────────┬─────────┘                          │
  │                 │ No                                 │
  │        ┌────────▼─────────┐   YES                    │
  │        │ 壊れたものを原状回 ├──────────────────────────┤
  │        │ 復するものか       │                          │
  │        └────────┬─────────┘                          │
  │                 │ No                                 │
  │        ┌────────▼─────────┐   YES                    │
  │        │ 60万円未満又は前期末├──────────────────────────┤
  │        │ 取得価額の10%以下か │                          │
  │        └────────┬─────────┘                          │
  │                 │ No               ┌─────────────────┐
  │   YES  ┌────────▼─────────┐  YES   │(A)：支出額の30%  │
  ├────────┤ 割合区分法を      ├────────┤   または         │
  │支出額－(A)│ 採用しているか    │        │ 前期未取得価額の10%│
  │        └────────┬─────────┘        │ のいずれか少ない金額│
  │                 │ No               └─────────────────┘
  ▼                 ▼                                    ▼
┌──────┐      ┌──────┐                              ┌──────┐
│資本的支出│◀────│実質判定│─────────────────────────────▶│修繕費 │
└──────┘      └──────┘                              └──────┘
```

(3) 圧縮記帳

　圧縮記帳とは固定資産の売却益について政策的配慮から一時に課税することが適当でない場合に売却益に対応する金額の損金算入を認め課税の繰延べを認めるものである。

　税法は圧縮記帳について複数の処理を認めているが企業会計上の処理としては原則として、その他剰余金の区分の積立又は取崩しにより圧縮額から税

効果額を控除した額を積立金として計上する。

　ただし、国庫補助金、工事負担金等により取得した資産については直接減額方式（圧縮記帳方式）によることができる。

　また、交換、収用、及び特定資産の買替えで交換に準ずると認められる場合にも直接減額方式に準じた処理が認められる。

(4) 減価償却

　会社法では資産の評価について別段の定めがある場合を除き、その取得価額を会計帳簿に付し、有形固定資産については事業年度の末日等において相当の償却をしなければならない（計規第5条第2項）としている。

① 相当の償却

　相当の償却とは有形固定資産を当該耐用年数の期間にわたり、定額法、定率法等の一定の減価償却の方法により、その取得原価を期間配分するものであり、毎期継続して適用し、みだりに変更してはならない。

　減価償却の方法、耐用年数及び残存価額は有形固定資産の用途、使用状況等の実態に合わせて企業等が合理的に決定しなければならない。

　しかし、有形固定資産の評価については税法の規定があることから、実務上は多くの企業等が減価償却の方法、耐用年数及び残存価額については税法の規定に従って減価償却を行っている。

　税法の規程による減価償却は、会社法の規定による相当の償却を意味するものではないが、税法の規定による普通償却限度額を正規の減価償却費として処理していることが会計上、特に不合理でない限り、税法による減価償却費は一般に相当の償却とみなされている。

② 減価償却の方法

　有形固定資産の減価償却の方法には、主として定額法、定率法等がある。

定額法　減価償却資産の取得原価に、その償却額が毎年同一になるように定められた資産の耐用年数に応じた償却率を乗じて計算した金額を、各事業年度の償却限度額とする償却方法である。

　　定率法　減価償却資産の取得原価（2回目以降の場合は未償却残高）に、その償却費が毎年一定の割合で逓減するように定められた資産の耐用年数に応じた償却率を乗じて計算した金額を各事業年度の償却限度額とする方法である。

③　特別償却

　特別償却は産業政策の観点から租税特別措置法により一定の固定資産に対しての特別の償却であり、取得初年度において一定割合を償却する特別償却（一時償却）と割増償却がある。

　特別償却（一時償却）と割増償却は産業政策の観点から通常の償却限度額を超えて償却を認めるもので正規の減価償却でないことから、一般に相当の償却に該当しないと考えられているが、割増償却については特に不合理でない限り実務上は、相当の償却の範囲に含めている。

(5) 相当の減額

　会社法では資産の評価について別段の定めがある場合を除き、その取得価額を会計帳簿に付し、有形固定資産については各事業年度の末日等において予測できない減損が生じた資産又は減損損失を認識すべき資産については、その取得原価から相当の減額をした額を付さなければならない（計規第5条第3項第2号）としている。

①　予測できない減損

　災害、事故等により有形固定資産が損傷又は滅失した場合、損傷又は滅失した部分の金額を減額しなければならない（臨時損失）。

また、耐用年数又は残存価額が、その設定にあたり予測できなかった機能的原因等により著しく不合理になった場合には、耐用年数又は残存価額を修正して、これに基づき過年度における減価償却累計額を修正して臨時に償却する（臨時償却）。

　② 減損損失
　　固定資産の収益性の低下により、投資額の回収が見込めなくなった場合には、一定の条件のもとに回収可能額を反映させるように固定資産の帳簿価額を減額しなければならない。

　企業等は、事業計画に基づいて設備投資を行い、利益を得ることにより投下した資金を回収していくが、状況等の変化により当初予定していた利益が得られなくなった場合には、その固定資産に投下した資金の回収が困難になる。
　固定資産で、その収益性が当初の予定より低下して、その固定資産の帳簿価額を将来にわたり回収できない場合には、将来に損失を繰延べないために、当該回収できないと見込まれる金額を減額する必要がある。

　なお、固定資産の減損については「固定資産の減損に係る会計基準」及び「固定資産の減損に係る会計基準の適用指針」を参照。

(6) 開示
　① 貸借対照表の表示
　　i 減価償却累計額の表示
　　　会社法上では有形固定資産の減価償却累計額は次のいずれかの方法によることができる（計規第79条、第103条第3号）。
　　(a) 減価償却累計額を各有形固定資産に対する控除項目として表示
　　(b) 減価償却累計額をこれらの有形固定資産に対する控除項目として

　　　　一括表示
　(c)　減価償却累計額を各有形固定資産の金額から直接控除した残高を表示し、減価償却累計額を各有形固定資産項目別に注記
　(d)　減価償却累計額を各有形固定資産の金額から直接控除した残高を表示し、減価償却累計額を一括注記
　　　ただし、省令様式では(a)の方法を規定しており、その他の表示方法は認めていない。

　ⅱ　減損処理を行った資産の表示
　　　原則として、各有形固定資産から減損損失を直接控除した残高を表示する。
　　　ただし、減損損失累計額を間接控除して表示することもできる。この場合、減損損失累計額を減価償却累計額に合算して表示することができる。
　　　なお、省令様式では、各資産の金額から減損損失を直接控除した残高を各資産の金額とするとしている。

② 損益計算書の表示
　　相当の償却（正規の減価償却）は、その性質に応じて、工事原価又は期間費用として処理し、臨時償却は、過年度減価償却累計額の修正としての性質を有するから特別損失に計上する。
　　また、有形固定資産の減損損失は、原則として特別損失に計上する。

(7) 税法上の取扱い
　① 減価償却の計算方法等を法定
　　　有形固定資産の減価償却費の計上は、各事業年度の損益計算を正確にするため、取得原価を耐用年数に応じて各事業年度に規則的に計上し、適正に期間配分することである。

そのため、企業会計は事業及び資産の内容等により減価償却の計算方法を選択することができるが、税法は企業会計に基づく処理を尊重しつつ、企業間の課税の公平、計算の簡素化等の観点から制限を設け、減価償却資産の範囲、耐用年数、残存価額及び償却率等を法定するとともに償却限度額の計算方法を定めている。

また、産業政策の一環として特別償却や圧縮記帳等の特例を認めている。

② 平成19年度税制改正

平成19年度の税制改正により減価償却制度の大幅な見直しがされた。

ⅰ　平成19年4月1日以降に取得した減価償却資産については、
　・残存価額及び償却可能限度額（取得価額の95％相当額）を廃止し、1円（備忘価額）まで償却が可能となった。
　・定率法の償却率は定額法の償却率の2.5倍した数とし、特定事業年度以降は毎期均等償却となる改定償却率により計算する。

ⅱ　平成19年3月31日以前に取得した減価償却資産については償却可能限度額まで償却した以後は翌事業年度以後5年間均等償却により1円（備忘価額）まで償却できる。

③ 一括償却資産

取得価額が20万円未満の減価償却資産（リース資産を除く）については、全部又は一部を事業年度ごとに一括して3年間で償却する方法を選択することができる（法施令第133条の2）。

④ 取得付随費用

　有形固定資産の取得に関連する支出であっても不動産取得税、登録免許税等は取得価額に含めず費用処理することができる（法基通 7−3−3 の 2）。

(8) 中小企業の取扱い

中小企業会計指針は中小企業の実務を考慮して次の事項を認めている。

① 耐用年数はその資産の用途、使用状況等により合理的に決定しなければならないが、法人税法上の耐用年数を用いて計算した償却限度額を減価償却費として計上する。

② 減損損失の認識及びその額の算定にあたり、「固定資産の減損に係る会計基準」の規定をそのまま中小企業に適用することは実務上困難であることから、資産の使用状況に大幅な変更があった場合に、減損の可能性について検討する。

⑥ 金銭債務

1. 金銭債務の定義

金銭債務とは金銭の支払いをする義務をいい、支払手形、工事未払金、借入金、未払金、社債等が含まれる。

2. 勘定科目

金銭債務に関連して次の主な勘定科目がある。

支払手形 工事に係る材料費、労務費、外注費、経費等の工事費、材料貯蔵品の購入代、並びに販売費及び一般管理費の費用等の営業取引により発生した手形債務を記載する。

固定資産の購入等の営業外取引により発生した手形債務額は営業外支払手形に記載する。

なお、金融手形（手形借入金）は借入金の担保として振り出された支払手形であるから借入金勘定に記載する。

営業循環過程にある支払手形は流動、固定の区分である1年基準の適用がないので決算日から1年を超える手形であっても流動負債の支払手形で処理する。

工事未払金 工事に係る材料費、労務費、外注費、経費等の工事費の未払額を記載する。

工事未払金は完成工事に係る工事未払金と未成工事に係る工事未払金がある。
　　工事未払金は、本来確定債務に限定されるべきであるが、完成工事に係る工事原価について見積計上される金額も工事未払金に記載する。
　　これは、完成引渡した工事で、工事原価の全部又は一部が確定しない場合（単価交渉中、撤去費用等）には、その金額を見積計上して完成工事原価を算定する必要があるためである。
　　この見積計上は引当金として計上することはなじまないことから確定債務に準ずるものとして工事未払金に含めて処理する。
　　なお、発注者が工事の出来高を認めているが、査定額の全額を支払うのでなく、施工した業者の工事の瑕疵を担保するために工事が完了するまで一定の割合（例えば、10%）の支払いを保留する場合がある。この保留金額を実務上、債務として計上していない場合があるが、会計上は債務として認識して工事未払金に計上する必要がある。

　　借入金　外部から調達した資金のうち、株式や社債の発行によらず、金融機関から調達したもの、又は特定の者から借り入れたものを借入金に記載する。
　　なお、金融手形は借入金に含めて記載する。
　　設備投資資金を長期で借り入れる場合は、土地、建物、有価証券等を担保として差し入れる場合があるが、担保として差し入れた資産は計算書類に注記する必要がある。

　　未払金　販売費及び一般管理費の未払金、固定資産購入代金の未払金、未払配当金及びその他の未払金を記載する。
　　未払金は役務提供契約以外の契約等に基づき相手から給付が完了して債務が確定している勘定であり、役務提供契約に基づいて時の経過に伴い提供された役務に対して計上する未払費用とは区別しなければならな

い。

社債 外部からの資金調達を目的として投資家等から金銭の払込みと引換えに発行する債券金額を記載する。

　社債の発行の際に発生する募集のための費用、金融機関の取扱手数料等の社債発行のために直接要した費用は原則として支出時に費用処理するが、社債発行費として繰延資産に計上することもできる。

　この場合には、社債の償還期間にわたり利息法で償却しなければならない。なお、償却方法は継続適用を条件に定額法を採用することができる。

　なお、建設業の営業活動から生じる主要な債務として未成工事受入金がある。

　未成工事受入金は完成工事高に計上していない工事についての請負代金の受入高を記載するが、工事の完成工事高に充当されるもので、金銭の支払義務を負うものではないことから、金銭債務には該当しない。

3.会計処理等

> **Point** 金銭債務には、原則として債務額を付す。

　金銭債務は原則として債務額をもって貸借対照表価額とするが、社債は払込金額と債務額が異なる場合には、適正価額を貸借対照表価額とする。
　金銭債務は、企業等の主目的の営業取引から生じた営業債務と営業外債務に区分される。

(1) 貸借対照表価額

　支払手形、工事未払金、借入金、社債その他の債務は債務額をもって貸借

対照表価額とする。

ただし、社債を社債金額よりも低い価額又は高い価額で発行した場合など、払込みを受けた金額と債務額が異なる場合には、償却原価法に基づいて算定された価額をもって貸借対照表価額とする。

会社法において債務額以外の適正価額による負債への計上が認められた（計規第6条第2項第2号）ことにより金融商品会計基準では払込みを受けた金額を計上し、社債金額との差額を償還期に至るまで毎期一定の方法で加減算する。

(2) デリバティブ取引

デリバティブ取引により生じる正味の債務は、時価をもって貸借対照表価額とし、評価差額は原則として当期の損益として処理する。

ただし、金融機関からの借入金と組合せ金利スワップ契約を締結した場合において、借入金の金額と金利スワップの元本の金額が同額である等の一定の要件を満たしている時は、時価評価を行う必要はない。

(3) 開示

① 貸借対照表の表示

ⅰ 営業債務（正常営業循環基準）

企業等の主目的の営業取引から発生した支払手形、工事未払金等は正常な営業循環過程にある債務であるから1年基準（ワン・イヤー・ルール）を適用しないで流動負債の部に表示する。

ⅱ 営業外債務（1年基準）

企業等の主目的の営業活動以外の取引から発生した、借入金、社債等の債務については1年基準（ワン・イヤー・ルール）を適用して、決算日から1年以内に支払い又は返済するものは流動負債の部、1年を超えるものは固定負債の部に表示する。

iii　関係会社に対する金銭債務

　　　　会社法では関係会社に対する金銭債務の表示方法は次のいずれかの方法によることができる（計規第103条第6項）。

　　　(a)　各勘定科目の次に関係会社に対する分を区分表示
　　　(b)　(a)の各金額を注記
　　　(c)　その合計額を注記

　　　　ただし、省令様式は(c)の方法を規定しており、その他の方法を認めていない。

②　注記
　　i　関係会社に対する金銭債務

　　　関係会社に対する金銭債務を各勘定の次に関係会社に対する部分を区分表示しない場合は、その金銭債務が属する項目の金額又はその合計金額を注記する（計規第103条第6項）。

　　ii　取締役、監査役等に対する金銭債務

　　　取締役、監査役等との間の取引により金銭債務がある時は、その総額を注記する（計規第103条第8項）。

⑦ 法人税等

1. 法人税、住民税、事業税の定義

(1) 法人税
　法人税は、国が法人の事業活動の成果として得た益金から損金を控除した課税所得に対して課する税金である。

(2) 住民税
　住民税は都道府県民税及び市町村民税であり、都道府県及び市町村がその区域内に居住する住民（法人を含む）に課する税金である。
　法人住民税は均等割と法人税割からなる。法人が居住する区域で行政サービス等の提供を受けることから負担を求められる税金である。

(3) 事業税
　事業税は都道府県が法人等の事業に対して所得金額や資本金等を課税標準として課する税金である。
　法人等が事業活動をするにあたり地方公共団体の施設を利用し、行政サービスの提供を受けることから負担を求められる税金である。

2. 勘定科目

　法人税等に関連して次の主な勘定科目がある。

> **未払法人税等** 当該事業年度の課税所得にかかる法人税、住民税（都道府県民税及び市町村民税）、事業税の未払額並びにこれらにかかる更正決定等による追徴税額の未払額を記載する。
>
> **法人税、住民税及び事業税** 当該事業年度にかかる法人税、住民税（都道府県民税及び市町村民税）及び事業税（利益に関連する金額を課税標準として課せられる事業税）の額並びにこれらにかかる更正、決定等による追徴納付税額及び還付税額を記載する。

3.会計処理等

> **Point**
> - 法人税、住民税及び事業税は、当期に負担すべき金額を損益計算書に計上する。
> - 法人税、住民税及び事業税の未納付額は流動負債の部に計上する。

　当該事業年度の法人税、住民税及び利益に関連する金額を課税標準として課せられる事業税は損益計算書の税引前当期純利益（損失）の次に記載する。
　また、法人税、住民税及び事業税（利益に関連する金額を課税標準として課せられる事業税以外の事業税を含む）の未納付額は貸借対照表の流動負債の部に記載する。

(1) 受取利子、配当等に課せられる源泉所得税

　受取利子、配当等に課せられる源泉所得税のうち、法人税法上及び地方税法上の税額控除の適用を受ける金額は、損益計算書上、「法人税、住民税及び事業税」に含めて処理する。
　法人税法上及び地方税法上の税額控除の適用を受けられない金額は、営業外費用として処理する。

(2) 外国法人税

外国法人税のうち、法人税法上の税額控除の適用を受ける金額は、損益計算書上、「法人税、住民税及び事業税」に含めて処理する。

その他の金額は、実態に応じ適切な費目で処理する。

(3) 追徴税額及び還付税額

法人税等の更正、決定等による追徴税額及び還付税額は、損益計算書上、「法人税、住民税及び事業税」の次にその内容を示す科目をもって記載する。ただし、これらの金額の重要性が乏しい場合には「法人税、住民税及び事業税」に含めて表示する。

また、還付税額のうち未収額については、重要性が乏しいと認められる場合を除き、「未収還付法人税等」等、その内容を示す科目で表示する。

(4) 利益に関連する金額を課税標準とする事業税以外の事業税

当該事業年度の利益に関連する金額を課税標準とする事業税以外の事業税は、原則として、損益計算書上、営業費用項目として処理し、その未納額は「未払法人税等」に含めて表示する。

また、当該事業税の更正、決定等による追徴税額及び還付税額は、特別損益項目として処理する。ただし、これらの金額の重要性が乏しい場合には、当該営業費用項目に含めて処理することができる。

⑧ 税効果会計

1. 税効果会計の目的

　税効果会計は、企業会計上の資産又は負債の額と課税所得計算上の額に相違がある場合において、法人税等（法人税、住民税及び利益に関連する金額を課税標準として課される事業税をいう。）の額を、適切に期間配分することにより、法人税等を控除する前の当期純利益と法人税等を合理的に対応させることを目的とする手続である。

　税法は課税の公平性の確保、産業政策上の配慮から企業会計の収益、費用の認識時点と税法上の益金、損金の認識時点が相違している場合がある。

　このため、税効果会計を適用しない場合には、企業会計上の利益と課税所得とに差異があるときは、法人税等の額が法人税等を控除する前の当期純利益と期間的に対応せず、また、将来の法人税等の支払額に対する影響が表示されないことになる。

　なお、税効果会計は税引前当期純利益と法人税等を合理的に対応させ適正な税引後当期純利益を算定するもので納税額に影響はなく節税効果はない。

2. 税効果会計の適用の影響

＜設例：税効果会計を適用しない場合＞
　税効果会計の適用前の損益計算書は次のとおりである。

年度	1年度	2年度
収益	1,000	1、500
費用	600	900
税引前利益	400	600
法人税等	240	160
当期純利益	160	440
税負担率	60%	27%
課税所得計算		
税引前利益	400	600
貸倒損失加算	200	−
貸倒損失減算	−	200
差引所得金額	600	400
法人税等	240	160

法定実効税率を40%、貸倒損失は1年度では税務上は否認されたが2年度で認容された。

税効果会計を適用しない場合は、税負担率は1年度は60%、2年度は27%であり税引前利益と法人税等は対応しない。

＜設例：税効果会計を適用した場合＞

1年度　将来減算一時差異である貸倒損失200について繰延税金資産80（200×40%）を計上する。

（借） 繰延税金資産	80	（貸） 法人税等調整額	80

2年度　将来減算一時差異が解消したので繰延税金資産80を取り崩す。

（借） 法人税等調整額	80	（貸） 繰延税金資産	80

税効果会計の適用後の損益計算書は次のとおりである。

年度	1年度		2年度	
収益		1,000		1,500
費用		600		900
税引前利益		400		600
法人税等	240		160	
法人税等調整額	△80	160	＋80	240
当期純利益		240		360
税負担率		40%		40%

　税効果会計を適用した場合、税負担率は1年度、2年度ともに40%となり税引前利益と法人税等は対応している。

3. 勘定科目

　税効果会計に関連して次の主な勘定科目がある。

　繰延税金資産　税効果会計の適用により資産として計上される金額を記載する。

　　税効果会計の適用により資産として計上される金額のうち、流動資産に属する資産又は流動負債に属する負債に関連するもの、及び特定の資産又は負債に関連しないもので決算日後1年以内に取り崩されると認められるものは流動資産の部、それ以外のものは固定資産の投資その他の資産の部に記載する。

　　なお、繰延税金資産については、回収可能性があると判断できる金額を計上する。回収可能性の判断は、収益力に基づく課税所得の十分性に基づいて、厳格かつ慎重に行わなければならない。

　繰延税金負債　税効果会計の適用により負債として計上される金額を記載する。

　　税効果会計の適用により負債として計上される金額のうち、流動資産

に属する資産又は流動負債に属する負債に関連するものと、特定の資産又は負債に関連しないもので決算日後1年以内に取り崩されると認められるものは流動負債の部、それ以外のものは固定負債の部に記載する。

租税特別措置法上の準備金等により課税の繰延が認められた場合、将来の法人税等の支払いが生じることから繰延税金負債を計上し、法人税等調整額を増加させる。

> **法人税等調整額** 税効果会計の適用により計上される、法人税、住民税及び利益に関連する金額を課税標準として課される事業税の調整額を記載する。

繰延税金資産と繰延税金負債の差額を期首と期末で比較した増減額は、当期に納付すべき法人税等の調整額として計上する。ただし、その他有価証券評価差額のように資産の評価替えにより生じた評価差額が直接純資産の部に計上されている場合には、当該評価差額に係る繰延税金資産又は繰延税金負債を当該評価差額から控除して計上する。

4. 会計処理等

> **Point** 繰延税金資産については回収可能性があると判断できる金額を計上する。

企業会計上の収益又は費用と課税所得計算上の益金又は損金の認識時点の相違等（一時差異）がある場合には、法人税等（法人税、住民税及び利益に関連する金額を課税標準として課される事業税をいう。）の額を、適切に期間配分することにより、法人税等を控除する前の当期純利益と法人税等を合理的に対応させるために税効果会計を適用して繰延税金資産及び繰延税金負債を計上する。

税効果会計を適用すると、繰延税金資産及び繰延税金負債が貸借対照表に

計上されるとともに、当事業年度の法人税等として納付すべき額及び税効果会計の適用による法人税等の調整額が損益計算書に計上されることになる。

なお、重要性が乏しい一時差異等については、繰延税金資産及び繰延税金負債を計上しないことができる。

(1) 一時差異

一時差異には将来減算一時差異と将来加算一時差異がある。

将来減算一時差異	未払事業税、賞与引当金、貸倒損失否認等一時差異が解消する期の課税所得を減額する差異
将来加算一時差異	その他利益剰余金で処理される圧縮記帳等一時差異が解消する期の課税所得を増額する差異

なお、交際費等の損金不算入額は将来の課税所得を減算する効果は認められないため税効果認識の対象にならず永久差異とされる。

(2) 繰延税金資産及び繰延税金負債の金額の算定

繰延税金資産は将来減算一時差異に法定実効税率を乗じた金額であり、繰延税金負債は将来加算一時差異に法定実効税率を乗じた金額である。

繰延税金資産及び繰延税金負債の金額の算定は、回収又は支払いが行われると見込まれる時の税率に基づいて計算する。

この場合、法定実効税率は次の算式による。

$$法定実効税率 = \frac{法人税率 \times (1 + 住民税率) + 事業税率}{1 + 事業税率}$$

法人税率等について税率の変更があった場合には、過年度に計上された繰延税金資産及び繰延税金負債を新たな税率に基づき再計算する。新たな税率に基づき算定された繰延税金資産及び繰延税金負債の修正額は法人税等調整額に計上する。

(3) 繰延税金資産の回収可能性

　繰延税金資産の計上にあたっては、当該資産の回収可能性（将来の税金負担額を軽減する効果を有するか）について十分に検討する必要がある。

① 　繰延税金資産の計上による利益剰余金の増加額については、会社法上配当制限の定めがない等の理由により、その回収可能性を厳格かつ慎重に検討することが必要である。
② 　繰延税金資産の回収可能性がある場合とは、将来減算一時差異又は税務上の繰越欠損金等が、将来の税金負担額を軽減する効果を有していると見込まれる場合をいい、これ以外の場合には、回収可能性はないものと判断され、繰延税金資産は計上できない。
③ 　過年度に計上した繰延税金資産についても、その回収可能性を毎期見直し、将来の税金負担額を軽減する効果を有していると見込まれなくなった場合には、過大となった金額を取り崩す必要がある。
④ 　将来の解消見込年度に相殺しきれなかった将来加算一時差異については、繰延税金資産の回収可能性の判断に当たり、将来減算一時差異と相殺できない。

　繰延税金資産の回収可能性は次のフローチャートに従い判断する。

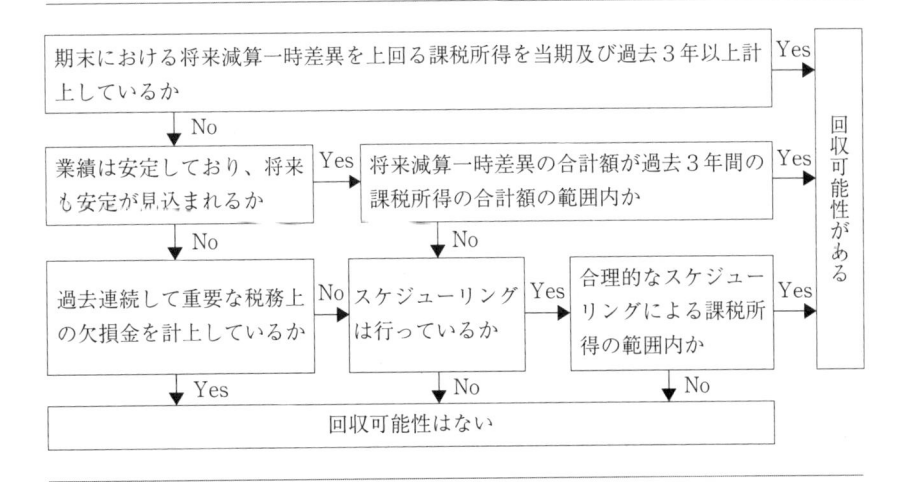

```
┌─────────────────────────────────────────────────┐      ┌──┐
│期末における将来減算一時差異を上回る課税所得を当期及び過去3年以上計│ Yes  │回│
│上しているか                                      │─────→│収│
└─────────────────────────────────────────────────┘      │可│
             │ No                                          │能│
             ↓                                             │性│
┌──────────────┐Yes ┌──────────────────────┐Yes        │が│
│業績は安定しており、将来├─→│将来減算一時差異の合計額が過去3年間の├─────→│あ│
│も安定が見込まれるか  │   │課税所得の合計額の範囲内か      │          │る│
└──────────────┘    └──────────────────────┘          │  │
       │ No                    │ No                         │  │
       ↓                       ↓                            │  │
┌──────────────┐No ┌──────────┐Yes ┌──────────────┐Yes│  │
│過去連続して重要な税務上├─→│スケジューリング├─→│合理的なスケジュー├──→│  │
│の欠損金を計上しているか│   │は行っているか │   │リングによる課税所│    │  │
└──────────────┘    └──────────┘    │得の範囲内か    │    └──┘
       │ Yes                   │ No             └──────────────┘
       ↓                       ↓                     │ No
┌─────────────────────────────────────────────────┐
│                    回収可能性はない                    │
└─────────────────────────────────────────────────┘
```

出典：『中小企業の会計に関する指針（平成22年版）』日本税理士会連合会　日本公認会計士協会　日本商工会議所　企業会計基準委員会

（4）開示

① 貸借対照表の表示

　繰延税金資産及び繰延税金負債は、これらに関連した貸借対照表の資産、負債の分類に基づき流動区分と固定区分に分けて表示する。ただし、特定の資産、負債に関連しない繰越欠損金等に係る繰延税金資産については、決算日から1年以内に解消される見込みの一時差異に係るものは流動資産に、それ以外の一時差異に係るものは投資その他の資産として表示する。

　なお、流動資産に計上した繰延税金資産と流動負債に計上した繰延税金負債、また、投資その他の資産に計上した繰延税金資産と固定負債に計上した繰延税金負債は、それぞれ相殺して表示する。

② 損益計算書の表示

　繰延税金資産と繰延税金負債の差額を期首と期末で比較した増減額は、法人税等調整額として法人税、住民税及び事業税の次に表示する。

③ 注記

　会社法は計算書類において注記を求めており（計規第 107 条）、注記の内容は重要な繰延税金資産と繰延税金負債の主な発生原因を定性的に記載すればよいとされている。

　しかし、税効果会計を適用し、一時差異の金額が重要な場合、又は税引前当期純利益に対する法人税等（法人税等調整額を含む。）の比率と法定実効税率との間に重要な差異がある場合には、次の注記をすることが望ましい。

ⅰ　繰延税金資産と繰延税金負債の発生原因別の主な内容
ⅱ　税引前当期純利益に対する法人税等（法人税等調整額を含む。）の比率と法定実効税率との間に重要な差異がある場合には、当該差異の原因となった主な項目の内訳。
ⅲ　回収可能性がなく、繰延税金資産から控除された額。

なお、税効果会計については「税効果会計に係る会計基準」、「個別財務諸表における税効果会計に関する実務指針」、「税効果会計に関する Q&A」及び「繰延税金資産の回収可能性の判断に関する監査上の取扱い」を参照。

⑨ 引当金

1. 定義

　引当金とは将来の特定の支出や損失に備えるために貸借対照表の負債の部又は資産の評価勘定として繰り入れられる金額をいう。
　負債性の引当金としては、完成工事補償引当金、工事損失引当金、賞与引当金、役員賞与引当金、退職給付引当金等があり、また、資産の評価性引当金としては貸倒引当金がある。

2. 勘定科目

　引当金に関連して次の主な勘定科目がある。

　　完成工事補償引当金 完成して引渡した工事に係る瑕疵担保に対する補修費用の引当額を記載する。
　　　工事請負契約書で工事完成引渡し後の一定の期間で工事に瑕疵があった場合には、補修する契約がある場合、瑕疵補修費用を見積り計上する。
　　　なお、完成工事補償引当金の繰入額は、完成工事原価の経費で処理する。

　　工事損失引当金 受注した工事に係る将来の損失に備えるため、手持工事のうち損失が見込まれ、かつ、その金額を合理的に見積ることができる場合に、当該損失見込額の引当額を記載する。

工事損失引当金は、受注した工事において実行予算等に基づく工事原価総額が工事収益総額を超過する可能性が高く、かつ、その超過する金額を合理的に見積ることができる場合に、その損失見込額のうち、既に計上された損益の額を控除した残額を工事損失が見込まれた期の損失として計上する。

　工事損失引当金は、工事進行基準又は工事完成基準を適用しているかにかかわらず、また、工事の進捗度にかかわらず工事損失が見込まれることが明らかになった時点で計上する。

　工事損失見込額は原則として、工事受注のための見積り（元積り）時点ではなく、受注後の実行予算の作成、承認時点で認識される。

　また、工事の進捗に伴い工事損益の見直しが行われた場合は、工事損失見込額についても見直しをする必要がある。

　なお、工事損失引当金の繰入額は、損益計算書の完成工事原価に計上する。また、工事完成時及び損失見込額の見直しにより工事損失引当金が過大になった時には、その取崩額を完成工事原価に計上する。

　賞与引当金　従業員に対する賞与の支給に備え、賞与の支給について就業規則や労働協約等で定めている場合、当期の負担に属する支給金額の引当額を記載する。

　従業員に対する賞与の性格は、就業規則や労働協約等に基づき提供した労働の対価として支払われるもので賃金の後払いと考えられている。

　このため、期間損益計算に反映させるため、決算日以降に支給される賞与額のうち、当期の負担に属すべき金額を費用と認識するが財務諸表作成時に賞与支給額が確定していない場合には賞与引当金（条件付債務）として貸借対照表の負債の部に計上する。

　なお、「未払従業員賞与の財務諸表における表示科目について」（日本公認会計士協会リサーチセンター審理情報 No.15）では、次のように表示上の取扱いを定めている。

① 財務諸表作成時賞与支給額が確定している場合
　（個人別に確定している場合のほか、支給率、支給月数、支給総額等が確定している場合を含む。）
　　　　賞与支給額が支給対象期間に対応して算定されている場合は、当期に属する額を「未払費用」として計上する。

② 財務諸表作成時に賞与支給額が確定していない場合
　　　　支給見込額のうち当期に属する額を「賞与引当金」として計上する。

　役員賞与引当金　役員の賞与の支出に備え、当期の役員の職務執行の対価として、決算日後の株主総会において支給が決定される役員賞与に対する引当額を記載する。

　平成18年の会社法の施行に伴い、利益処分案の株主総会決議規定が廃止され、役員賞与は職務執行の対価とし、発生した会計期間の費用とされた。

　役員賞与の支給は、決算日後の株主総会において支給が決議されるため、決議する支給額又は見込額で引当金を計上する。

　なお、役員賞与引当金については「役員賞与に関する会計基準」を参照。

　退職給付引当金　従業員の退職給付に備えて、従業員の将来の退職給付のうち当期末時点の債務と認められる額の引当額を記載する。

　退職金の性格は、労働協約等に基づき従業員の提供した労働の対価として支払われるもので、賃金の後払いと考えられている。

　将来における退職金の支払いは、在職している期間の労働に伴い発生することから、その事実を期間損益計算に反映させるため、将来支給される退職金のうち、当期の負担に属すべき金額を当期の費用として認識

し、その期末現在における累計額を退職給付引当金（条件付債務）として計上する。

　なお、中小企業退職金共済制度、特定退職金共済制度、確定拠出年金制度のように拠出以降に企業に追加負担が生じない外部拠出型の制度については、納付する掛金を費用処理すればよく、退職給付引当金を計上する必要はない。

　また、退職金規程がなく、かつ、退職金等の支払いに関する合意も存在しない場合には、退職給付債務の計上は原則として不要である。

　ただし、退職金の支給実績があり、将来においても支給する見込みが高く、かつ、その金額が合理的に見積ることができる場合には、重要性がない場合を除き、退職給付引当金を計上する必要がある。

　退職給付引当金は、退職給付債務から年金資産を控除した金額に、未認識数理計算上の差異と未認識過去勤務債務等を加減算した額である。

退職給付債務と退職給付引当金の関係は次のとおりである。

①退職給付債務	未積立退職給付債務	②年金資産	
		③未認識数理計算上の差異	一定年数で償却
		④未認識過去勤務債務	
		⑤会計基準変更時差異の未処理額	
		⑥退職給付引当金	負債計上額

① 退職給付債務

　期末時点で在職する従業員に将来の退職時以降に支給されると見込まれる給付金額のうち、長期債券の期末時点の利回りを割引率として計算した現在価値の合計額。

ただし、中小企業（原則として、従業員 300 人未満の企業）にあっては、自己都合による期末要支給額を退職給付債務の額とすることができる。

② 年金資産

適格退職年金又は厚生年金制度を採用している場合、期末時点で評価した年金資産の残高。

③ 未認識数理計算上の差異

年金資産の期待運用収益と実際の運用成果との差異、退職給付債務の数理計算に用いた見積数値と実績との差異等のうち費用処理されていないもの。

④ 未認識過去勤務債務

退職金制度の変更等による給付水準の改定により生じる退職給付債務の増減額のうち費用処理されていないもの。

⑤ 会計基準変更時差異の未処理額

移行年度期首における退職給付会計基準による退職給付引当金と従来の退職給与引当金との差額のうち費用処理されていないもの。

⑥ 退職給付引当金

$$\overbrace{\text{積立不足額}}$$

退職給付引当金は ①−②−（③＋−④−＋⑤）の金額であり貸借対照表の負債の部に計上する。

なお、退職給付会計については、「退職給付に係る会計基準」、「退職給付に係る会計基準」の一部改正、「退職給付会計に関する実務指針（中間報告）」及び「退職給付会計に関する Q&A」等を参照。

役員退職慰労引当金　役員の将来における退職慰労金の支払いに備え、内規等に基づき算定した役員の期末退職慰労金要支給額の引当額を記載する。

　役員退職慰労金の性格は、退職する役員の在任期間中の役務提供の対価として後から支払われるものと考えられる。役員退職慰労金の支払いは、株主総会の承認決議が必要とされるため、株主総会の承認決議前では法律上の債務ではなく、会計上は引当金になる。

　役員退職慰労金の会計処理については、従来は、役員退職慰労引当金を計上する方法と実際に役員退職慰労金を支給したときに費用処理する方法の２つの会計処理が行われていた。しかしながら、内規等による支給がおおむね実行されている場合には役員退職慰労金を計上する実務が定着してきたこと、役員賞与が費用処理されることから役員に係る報酬等については費用処理が必要とされた。

　このため、次の要件を満たす場合には、役員退職慰労引当金を計上する。

　「租税特別措置法の準備金及び特別法上の引当金並びに役員退職慰労引当金等に関する監査上の取扱い」

① 内規等に基づき在任期間、担当職務等を勘案して支給見込額が合理的に算定できる。
② 当該内規等に基づく支給実績があり、このような状況が将来にわたって存続すること。

3.会計処理等

> **Point**　将来の特定の費用又は損失であって、その発生が当期以前の事象に起因し、発生の可能性が高く、金額を合理的に見積ることができる場合には、当期の負担に属する金額を当期の費用又は損失とし、引当金に繰入れる。

損益計算書は経営成績を明らかにするため、一会計期間に属するすべての収益とこれに対応するすべての費用を計上する必要がある。
　このため、確定債務だけでなく、一定の要件を満たす場合は引当金を計上しなければならない。

(1) 引当金の計上

　会社法は、将来の費用又は損失の発生に備えて、その合理的な見積額のうち、当事業年度の負担となる金額を費用又は損失として計上すべき引当金を負債としている。

　また、引当金は債務額でなく時価又は適正な価格もって計上することが認められたことから、債務性の有無にかかわらず企業会計の基準その他の会計慣行に従って評価された金額をもって計上することができる（計規第6条第2項第1号）。

　企業会計原則は注解18において次のすべての要件を満たしている場合には、当期の負担に属する金額を当期の費用又は損失として引当金に繰入れ、当該引当金の残高を貸借対照表の負債の部又は資産の部に記載することを求めている。

- 将来の特定の費用又は損失である。
- 発生が当期以前の事象に起因している。
- 発生の可能性が高い。
- 金額を合理的に見積ることができる。

(2) 引当金の区分

　引当金は、その債務性等の観点から次のように区分される。

① 条件付債務
　　債務は発生しているが、将来一定の条件が確定するまで支払われない債務に備えるもの。
② 非債務性引当金
　　条件付債務ではないが、将来の支出に備えるもの。
③ 評価性引当金
　　所有する資産価値の減少を評価し備えるもの。

これらの関係は次のように示される。

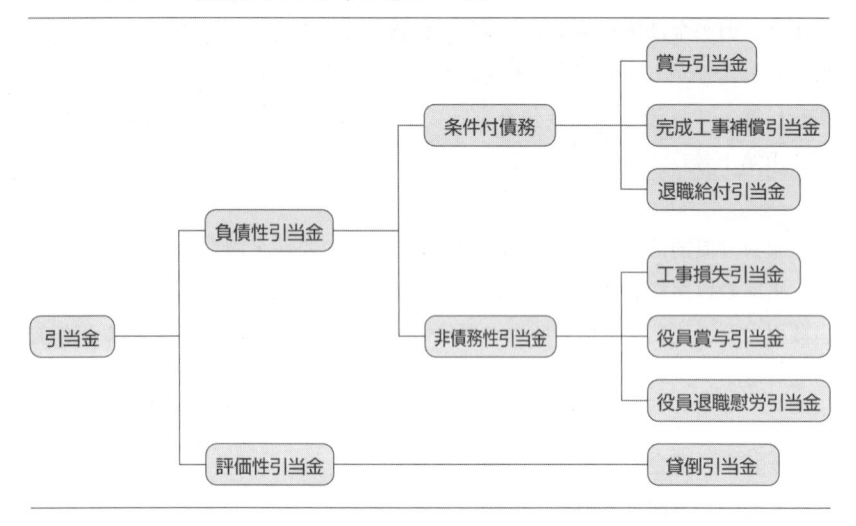

```
                                    ┌─ 賞与引当金
                    ┌─ 条件付債務 ──┼─ 完成工事補償引当金
                    │               └─ 退職給付引当金
       ┌─ 負債性引当金 ┤
       │            │               ┌─ 工事損失引当金
引当金 ─┤            └─ 非債務性引当金 ─┼─ 役員賞与引当金
       │                            └─ 役員退職慰労引当金
       │
       └─ 評価性引当金 ─────────────── 貸倒引当金
```

(3) 開示
① 貸借対照表の表示
　ⅰ　引当金の科目
　　　引当金は、その設定目的を示す名称を付した科目で表示する。
　ⅱ　表示区分
　　　貸倒引当金は評価性引当金として資産の控除として資産の部に、貸

倒引当金以外の引当金は流動負債又は固定負債の部に表示する。

負債性引当金は次のように区分表示する。

債務区分	流動負債	固定負債
条件付債務	完成工事補償引当金 賞与引当金	退職給付引当金
非債務性引当金	工事損失引当金 役員賞与引当金	役員退職慰労引当金

iii 工事損失引当金の表示（会計基準第21項）
・工事損失引当金は工事の受注から完成引渡しという企業等の主目的である営業循環過程にある取引に係る引当金であることから完成に長期間（1年以上）を要する工事であっても流動負債で表示する。
・工事損失引当金は同一の工事契約に関する未成工事支出金がともに計上されている場合には、相殺して表示することができる。

② 損益計算書の表示（貸倒引当金を除く）
　引当金の繰入額は、その設定目的に応じて損益計算書において、工事原価、販売費及び一般管理費として、その内容を示す名称を付した科目で表示する。
　引当金繰入額は、その発生事由に従って適切な損益区分に表示する必要がある。
　工事部門と管理部門が負担する賞与引当金及び退職給付引当金等の繰入額は、工事部門に対応する繰入額は工事原価（完成工事原価又は未成工事支出金）に計上し、管理部門に対応する繰入額は販売費及び一般管理費に計上する。
　また、工事損失引当金繰入額は工事原価(完成工事原価)に計上する。

なお、貸倒引当金の損益計算書の表示については「❷　貸倒損失、貸倒引当金」を参照。

(4) 税法上の取扱い

　税法の課税所得金額の計算上、損金として認められる費用は、債務の確定しているもの（債務確定主義）に限られ、原則として将来発生する費用又は損失について引き当てた金額は損金とは認められない。

　建設業に関連する主な引当金についての会計及び税法との関係は次のとおりである。

区分		勘定科目	税法
評価性引当金		貸倒引当金	損金算入限度額がある
負債性引当金	債務性引当金	完成工事補償引当金 賞与引当金 退職給付引当金	損金不算入
	非債務性引当金	工事損失引当金 役員賞与引当金 役員退職慰労引当金	

(5) 中小企業の取扱い

　中小企業会計指針では中小企業の実務を考慮して引当金について次のような取扱いを認めている。

　① 非債務性引当金

　　法的債務でない非債務性引当金については、金額に重要性の高いものがあれば負債として計上することが必要であるとして、金額的重要性の観点から重要性が少ない場合は計上しないことができる。

　② 退職給付引当金

　　確定給付型退職制度（退職一時金制度、厚生年金基金、適格退職年金及び確定給付企業年金）を採用している場合は、原則として簡便法であ

る退職給付に係る期末自己都合要支給額を退職給付債務とする方法を適用することができる。

③　賞与引当金
　　会社法及び金融商品取引法上の会計監査を受けない会社にあっては、その金額が合理的である限り、平成10年度税制改正前の法人税法の規定に従って算定した金額を賞与引当金とすることができる。

⑩ 収益及び費用の計上

1. 費用収益対応の原則

　損益計算書には、企業の経営成績を明らかにするために一会計期間に属するすべての収益と、これに対応するすべての費用を計上し経常利益を表示し、これに特別損益項目を加減して当期純利益を表示する。
　そして、収益及び費用は、その発生源泉に従って分類し、収益項目と、それに関連する費用項目とを対応表示する。
　この対応関係については、次のように区分される。

(1) 個別的対応

　　売上高と売上原価の関係のように商品や製品を媒介として直接的に対応する。

(2) 期間的対応

　　売上高と販売費及び一般管理費、固定資産の減価償却の関係のように会計期間を媒介として間接的に対応する。

2. 勘定科目

収益及び費用に関連して次の主な勘定科目がある。

`完成工事高` 工事進行基準により収益に計上する場合は、期中出来高相当額、及び、工事完成基準により収益に計上する場合は、完成引渡しが完了したものについての最終総請負高を記載する。

　なお、JVにより施工した工事については、JV全体の収益の計上額に自己の出資の割合を乗じた額又は分担した工事額を記載する。

　JVは民法上の組合とされ、独立の法人格を有していないことから共同事業の権利、義務はその構成員に帰属すると考えられる。

　このため、JVで施工した工事の場合は、JV全体の収益に出資の割合（持分）を乗じた額又は分担した工事額を完成工事高に計上する。

　なお、請負高の全部又は一部が確定しない時は、その金額を見積計上する。

　この場合、金額が確定することによる差額は確定の日を含む事業年度の完成工事高に含めて記載する。

　建設業以外の事業（例えば、設備や資材の販売、不動産の賃貸及び売買等）を併せて営んでいて、売上高に占める割合が軽微でない場合には、兼業事業売上高として区分する。

　なお、完成工事高については「第4章　工事収益（完成工事高）の計上」を参照。

`完成工事原価` 完成工事高として計上したものに対応する工事原価を記載する。

　建設業では原価計算の方法は個別原価計算を行い、工事の発生原価は工事単位ごとに記録集計する。

　工事進行基準を適用した工事の完成工事原価は、完成工事高に計上した期中出来高相当額に対応する原価、また、工事完成基準を適用した工事の完成工事原価は、完成引渡した工事に対応する工事原価である。

なお、決算日において工事原価の全部又は一部が確定しない時は、その金額を見積計上する。この場合、金額が確定することによる差額は、確定の日を含む事業年度の完成工事原価に含めて記載する。

なお、兼業事業売上高を計上した場合には、兼業事業売上高に対応する売上原価を兼業事業売上原価として区分する。

役員報酬 株主総会又は定款で決められた限度内の取締役、執行役、会計参与又は監査役に対する報酬（役員賞与引当金繰入額を含む。）を記載する。

なお、取締役が経理部長等を兼務する使用人兼務役員の報酬については、従業員相当分は役員報酬でなく従業員給料手当として処理する。

法人税法は、役員報酬が職務の内容等に比べ不相当に高額な報酬を支給している場合には、その高額な部分の金額は損金に算入されない（法法第34条第2項）。

退職金 役員及び従業員に対する退職金（退職年金契約、退職金共済契約等に基づく掛金を含む）を記載する。

ただし、退職給付会計基準を適用する場合には、退職金以外の退職給付費用等の適当な科目により記載する。

なお、リストラ等により発生する臨時巨額な退職金及び退職給付費用は異常なものとして販売費及び一般管理費の退職金等に含めず特別損失で処理する。

退職給付会計基準を適用する場合には、退職給付費用は次の項目で計算する。

①	勤務費用
②	利息費用

　　　　　　　　③　年金資産の期待運用収益
　　　　　　　　④　過去勤務債務及び数理計算上の差異

①　勤務費用

　退職給付見込額のうち当期に発生したと認められる額を一定の割引率及び残存勤務期間に基づき割引いて計算する。

②　利息費用

　期首の退職給付債務に割引率を乗じて計算する。

③　年金資産の期待運用収益

　期首の年金資産の額について合理的に予測される収益率を乗じて計算する。

④　過去勤務債務及び数理計算上の差異

　各期の発生額について平均残存勤務期間以内の一定の年数で按分する。

　退職給付費用は　①＋②－③＋－④　の金額で算定される。

　なお、退職給付会計基準を適用する場合、従業員の退職給付費用については「退職給付費用」等の科目で記載し、役員の退職慰労金は当基準の対象外であるため、別に「役員退職慰労金」、「役員退職慰労引当金繰入額」等の適当な科目により記載する。

　修繕維持費　事務所、寮、社宅等の建物、構築物、機械装置、車両、備品等の修繕維持費用及び倉庫物品の管理費用を記載する。

固定資産の修理、改良のために支出した費用については修繕費か資本的支出か判定するのが困難な場合がある。実務上は税法上の取扱いを参考にして修繕費の金額を決めて処理している場合が多い。

　なお、修繕費と資本的支出については「❺　有形固定資産」を参照。

　交際費　得意先、仕入先、その他事業に関係あるものに対する接待費、慶弔見舞及び中元歳暮品代等を記載する。
　法人税法において交際費等とは、交際費、接待費、機密費その他の費用で、法人がその得意先、仕入先その他事業に関係あるものに対する接待、供応、慰安、贈答その他これに類する行為のために支出するものをいう（措置法第61条の4第3項）。
　ただし次の費用は交際費から除かれる。
- 従業員の慰安のための運動会、旅行等の費用
- 一定の条件での5,000円以下の飲食費
- 会議関連の弁当代等の費用

　また、次のような費用は交際費等に該当しないものとして取扱われる。

- 受注獲得のための情報提供料は契約に基づくもの等の一定の要件を満たしている場合
- 起工式、落成式等の式典の蔡事のために通常要する費用

　法人が支出する交際費等は原則として損金が認められないが、平成21年度の税制改正で資本金等が1億円以下の中小法人については年600万円以内の支出額の90%が損金に認められる。

　なお、法人がした金銭の支出のうち、相当の理由なくその相手方の氏

名又は住所等並びにその事由を当該法人の帳簿書類に記載していない使途秘匿金については40％の法人税額が加算される。

寄付金 拠出金、見舞金等の金銭等又は経済的利益の贈与等で国又は地方公共団体、公益法人、特定公益増進法人、社会福祉団体等に対する寄付金を記載する。

　法人税法において寄付金とは、寄付金、拠出金、見舞金その他いずれの名義をもってするかを問わず、金銭その他の資産又は経済的な利益の贈与又は無償の供与（広告宣伝費、交際費等と認められるものを除く。）をいう（法法第37条第7項）。

　国又は地方公共団体に対する寄付金及び一定の要件を満たす公益法人等に対する寄付金（指定寄付金）は原則として全額損金算入が認められるが、特定公益増進法人等及び一般に対する寄付金は一定の算式により損金算入限度額が定められている。

租税公課 事業税（利益に関連する金額を課税標準として課せられるものを除く。）、事業所税、不動産取得税、固定資産税、自動車税、印紙税、延滞金、加算金、罰科金等の租税及び道路占有料、身体障害者雇用納付金等の公課を記載する。

　税法上は国税の延滞税、各種加算税、地方税の延滞金、各種加算金及び罰科金は不正行為等に対する費用等として損金不算入となる。

3. 会計処理等

> **Point** 原則として、収益については実現主義、費用については発生主義により認識する。

損益計算書は経営成績を明らかにするため、一会計期間に属するすべての収益とこれに対応するすべての費用を計上し、原則として収益については実現主義、費用については発生主義により認識する。

収益及び費用の計上について複数の会計処理の方法が考えられる場合、取引の実態を適切に表す方法を選択し、毎期継続適用し、正当な理由がない限り変更してはならない。

(1) 収益認識

収益は、商品等の販売や役務の給付に基づき認識する。

商品等の販売や役務の給付に基づく収益認識基準は、出荷基準、検収基準、引渡基準等によるが建設業における工事の収益認識基準は、工事収益総額、工事原価総額、工事進捗度を信頼をもって見積ることができる場合は工事進行基準、これらを信頼をもって見積ることができない場合は工事完成基準による。

(2) 費用認識

費用は、その支出（将来支出するものを含む）に基づいて計上し、その発生した期間に正しく計上する。

発生主義により認識された費用のうち、当期の収益と対応する費用が当期の損益計算の費用となり、対応しない費用は前払費用又は未払費用として翌期に繰越し処理する。

(3) 損益計算書の注記

① 工事進行基準による完成工事高

会社法では注記を求められていないが、省令様式で注記が求められている。

建設業の特有の収益認識基準である工事進行基準により計上された完成工事高を注記する。

② 関係会社取引高

会社法は関係会社との営業取引及び営業外取引による取引額の総額の注記を求めている（計規第104条）。

営業取引による取引高とは、本来の営業活動から生じる取引で関係会社に対する売上高（完成工事高）、及び仕入高（完成工事原価等）である。

営業外取引とは受取利息、支払利息、固定資産等の資産譲渡高又は資産購入高等である。

③ 工事損失引当金繰入額

会社法では注記を求められていないが、省令様式で注記が求められている。

完成工事原価に含まれた工事損失引当金繰入額を注記する。

⑪ リース取引

1. 定義及び分類

　リース取引とは、特定の物件の所有者たる貸手が、当該物件の借手に対し、合意された期間（リース期間）にわたりこれを使用収益する権利を与え、借手は、合意された使用料（リース料）を貸手に支払う取引をいう。

　リース取引は、ファイナンス・リース取引とオペレーティング・リース取引に分類される。

(1) ファイナンス・リース取引

　リース契約に基づくリース契約期間の中途において当該契約を解除できないリース取引又はこれに準ずるリース取引（解約不能のリース取引）で、借手が当該契約に基づき使用する物件からもたらされる経済的利益を実質的に享受することができ、かつ、当該物件の使用に伴って生じるコストを実質的に負担することとなるリース取引（フルペイアウトのリース取引）をいう。

　　＜判定基準＞
　　次のいずれかに該当する場合にはファイナンス・リース取引と判定される。

- 現在価値基準

  | リース料総額の現在価値　≧　見積現金購入価額×90% |

- 経済的耐用年数基準

  | 解約不能リース期間　≧　経済的耐用年数×75% |

　ファイナンス・リース取引はさらにリース契約上の条件からリース物件の所有権が借手に移転すると認められる所有権移転ファイナンス・リース取引と所有権移転外ファイナンス・リース取引に分類される。

＜判定基準＞
　次のいずれかに該当する場合には所有権移転ファイナンス・リース取引に該当し、それ以外のファイナンス・リース取引は所有権移転外ファイナンス・リース取引に該当する。
- 譲渡条件付リース
- 割安購入選択権付リース
- 特別仕様物件リース

(2) オペレーティング・リース取引
　ファイナンス・リース取引以外のリース取引をいう。

リース取引の分類

```
リース取引 ─┬─ ファイナンス・リース取引 ─┬─ 所有権移転ファイナンス・リース取引
           │                              └─ 所有権移転外ファイナンス・リース取引
           └─ オペレーティング・リース取引
```

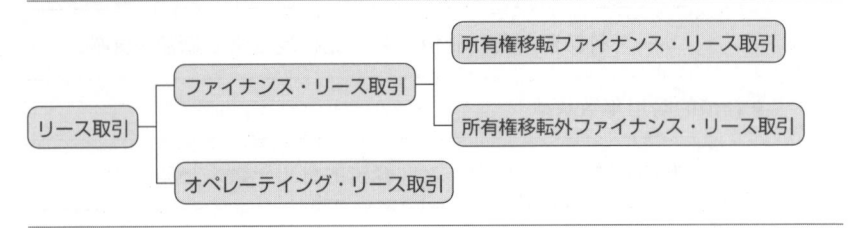

　企業会計においては、従来、所有権移転外ファイナンス・リース取引は原則売買処理とされ、例外的に一定の注記を条件に賃貸借処理が認められていた。しかしながら、ほとんどの企業等が例外処理を採用している状態は会計基準の趣旨を否定する特異な状況であり是正する必要があること、また、国際会計基準との調和を図る必要がある等から、平成19年3月に「リース取引に関する会計基準」を改正し、例外処理を廃止した。

2.勘定科目

　リース取引に関連して次の主な勘定科目がある。

　　リース資産　ファイナンス・リース取引におけるリース物件の借主である資産を記載する。
　　　リースする物件により有形固定資産と無形固定資産に区分される。

　　リース債務　ファイナンス・リース取引における債務を記載する。
　　決算日後1年内に支払うものは流動負債、それ以外は固定負債の部で表示する。

3. 会計処理等（借手側）

> **Point** ファイナンス・リース取引については、通常の売買取引に係る方法に準じて会計処理する。

　リース取引は、ファイナンス・リース取引とオペレーティング・リース取引により、また、ファイナンス・リース取引は所有権が移転するか否かで会計処理が異なるため、リース取引の分類に留意する。

(1) ファイナンス・リース取引の会計処理

　ファイナンス・リース取引については、通常の売買取引に係る方法に準じて会計処理する。

項目	所有権移転ファイナンス・リース取引	所有権移転外ファイナンス・リース取引
資産、負債の計上	リース資産、リース負債の計上	同左
利息相当額	リース期間にわたり利息法により配分	同左
減価償却費	自己所有の固定資産と同一の減価償却の方法により算定	リース期間を耐用年数、残存価額を零として算定

＜設例：所有権移転外ファイナンス・リース取引＞

　　前提条件　リース資産（機械装置）　　　　1,000
　　　　　　　リース料総額　　　　　　　　　1,200
　　　　　　　リース期間　　　　　　5年間
　　　　　　　年間リース料　　　　　　　　　 240

① 契約時

| （借） | 機械装置 | 1,000 | （貸） | リース債務 | 1,000 |

② リース料の支払時（利息法により算定）

| （借） | リース債務 | 176 | （貸） | 現金預金 | 240 |
| | 支払利息 | 64 | | | |

③ 減価償却費の計上

| （借） | 減価償却費 | 200 | （貸） | 減価償却累計額 | 200 |

① 少額のリース資産、あるいは短期のリース取引の簡便的取扱い
  ● 契約1件当たりのリース料総額が300万円以下のリース取引
  ● リース期間が1年以内のリース取引

等については簡便的に賃貸借の会計処理を行うことができる。

② リース資産総額に重要性が乏しい場合（所有権移転外ファイナンス・リース取引）の簡便的取扱い

リース資産総額に重要性が乏しい場合とは

$$\frac{未経過リース料の期末残高}{未経過リース料の期末残高＋有形固定資産及び無形固定資産の期末残高} < 10\%$$

をいい、その場合は次のいずれかの簡便的な方法によることができる。

● リース料総額から利息相当額の合理的見積額を控除しない方法
　　リース資産とリース債務をリース料総額で計上する。したがって、

支払利息は計上されず、減価償却費のみが計上される。
- 利息相当額の総額をリース期間にわたり定額法で配分する方法

(2) オペレーティング・リース取引の会計処理
オペレーティング・リース取引については、通常の賃貸借取引に係る方法に準じて会計処理を行う。

4. 改正リース取引会計基準の適用初年度開始前の所有権移転外ファイナンス・リース取引の取扱い

(1) 原則
リース取引開始日が適用初年度開始前のリース取引についても改正リース取引会計基準に定める方法で会計処理し、変更による影響額は特別損益として処理する。

(2) 例外
適用初年度の前年度末における未経過リース料残高又は未経過リース料期末残高相当額を取得価額とし、期首に取得したものとしてリース資産に計上することができる。

また、引き続き通常の賃貸借取引に係る方法に準じた会計処理を適用している旨、及び改正前リース取引会計基準で必要とされている事項の注記を条件に引き続き通常の賃貸借取引に係る方法に準じた会計処理を適用することもできる。

5. 開示

(1) ファイナンス・リース取引

① 貸借対照表の表示

ⅰ　リース資産

　　リース資産については、リースする資産により原則として、有形固定資産、無形固定資産の別に一括してリース資産として表示する。

　　ただし、有形固定資産又は無形固定資産に属する科目に含めることもできる。

ⅱ　リース債務

　　リース債務については、支払期限が決算日後1年以内に到来するものは流動負債、決算日後1年を超えて到来するものは固定負債に表示する。

② 注記

ⅰ　リース資産

　　リース資産について、その内容（主な資産の種類等）及び減価償却の方法を注記する。

ⅱ　例外処理の場合

　　所有権移転外ファイナンス・リース取引についてはリース取引会計基準の改正により通常の売買処理に準じて会計処理を行うが、適用初年度開始前の所有権移転外ファイナンス・リース取引について引き続き例外処理を採用した場合には、その旨及び改正前リース取引会計基準で必要とされていた事項を注記する。

(2) オペレーティング・リース取引

　　注記

オペレーティング・リース取引のうち解約不能期間の未経過リース料を注記する。

6．中小企業の取扱い

　中小企業会計指針では、中小企業の実務を考慮して、所有権移転外ファイナンス・リース取引は、通常の売買取引に係る方法に準じて会計処理を行うこととしているが、未経過リース料を注記して、通常の賃貸借取引に係る方法に準じて会計処理を行うことができるとしている。

第7章 建設業の財務諸表

我が国における会計制度の指導原理としての性格を有する企業会計原則は、財務諸表作成の一般原則として次の7原則を掲げている。

- 真実性の原則　　　　　企業の財政状態や経営成績に関して真実な報告を提供する。
- 正規の簿記の原則　　　複式簿記により正確な会計帳簿を作成する。
- 資本取引、損益取引区分の原則　　資本取引と損益取引を区分する。
- 明瞭性の原則　　　　　利害関係者に対して財務諸表の明瞭な表示をして、判断を誤らせないようにする。
- 継続性の原則　　　　　会計処理の原則、手続は継続して適用して、みだりに変更してはならない。
- 保守主義の原則　　　　健全な会計処理をする。
- 単一性の原則　　　　　目的の異なる形式の財務諸表を作成する場合に内容は同一である。

　上記の一般原則のうち「真実性の原則」は、他の原則の上位に位置づけられるもので企業会計原則全般を包括する原則であり、財務諸表が客観的な事実に基づいた真実なものでなければならないことを求める原則である。
　財務諸表は、上記の一般原則をもとに、後述する具体的な処理原則である貸借対照表原則及び損益計算書原則に準拠して作成される。

　なお、この章においては建設業法で必要な個別財務諸表について解説し、連結財務諸表については省略している。

① 財務諸表の種類

> **Point** 建設業の財務諸表は、会社法、建設業法及び金融商品取引法に基づいて作成する。

建設業を営む者は、その目的に応じて会社法、建設業法及び金融商品取引法に基づき財務諸表を作成しなければならない。

1.会社法

会社法では、株式会社は各事業年度に係る計算書類及び事業報告並びに附属明細書を作成しなければならない（会社法第435条第2項）としており、計算書類とは、貸借対照表、損益計算書、株主資本等変動計算書及び注記表としている。
なお、会社法では財務諸表のことを計算書類と呼んでいる。

会社法の計算書類は会社計算規則第57条から第117条の規定に従って作成されるが、別記事業を営む会社は特に法令の定めがある場合又は所管官庁が会社計算規則に準じた計算書類準則を定めている場合には、その定めによるとしている（計規第118条第1項）。
建設業はここでいう別記事業であるため、建設会社の計算書類の用語、様式及び作成方法は建設業法施行規則の定めによることになる。
ただし、建設業法施行規則に定めのない事項については会社計算規則の定めによる。

なお、会社法の計算書類を建設業法施行規則の様式と同じにすることができるが、会社法の計算書類では他の業種の計算書類に合わせて次の事項等については、建設業法施行規則の様式と異なる様式にしている場合が多い。
①貸借対照表の様式を勘定式
②減価償却累計額を各資産から直接控除し、一括注記
③販売費及び一般管理費の内訳を損益計算書に表示しない
④完成工事原価報告書を省略

2. 建設業法

建設業の許可を受けようとする者は、国土交通省令で定めるところにより、建設業法上の許可申請書の添付書類（建設業法第6条第1項第6号）として貸借対照表、損益計算書、完成工事原価報告書、株主資本等変動計算書及び注記表を提出し、また、許可を受けた者は、毎事業年度経過後4ヶ月以内に届出を必要とする書類（建設業法第11条第2項）として、これらの書類、及び株式会社である場合は事業報告を国土交通大臣又は都道府県知事に提出しなければならない。

なお、建設業を営む小会社（資本金の額が1億円以下であり、かつ、最終事業年度に係る貸借対照表の負債の部に計上した額の合計額が200億円以上でない株式会社）を除く株式会社は、附属明細書も提出しなければならない。

建設業法施行規則により提出する書類は法人の場合は、様式第15号（貸借対照表）、様式第16号（損益計算書及び完成工事原価報告書）、様式第17号（株主資本等変動計算書）、様式第17号の2（注記表）及び様式第17号の3（附属明細書）であり、個人の場合は様式第18号（貸借対照表）、様式第19号（損益計算書）である。

これらの様式にはひな型、記載要領が示され、また、勘定科目の取扱いに

ついては国土交通省の告示で「勘定科目の分類」が示されているため、建設業者は計算書類を作成する場合、様式及び勘定科目はこれらの定めによることになる。

会社法と建設業法の関係は次のとおりである。

会社法	建設業法
貸借対照表	様式第15号（貸借対照表）
損益計算書	様式第16号（損益計算書及び完成工事原価報告書）
株主資本等変動計算書	様式第17号（株主資本等変動計算書）
注記表	様式第17号の2（注記表）
附属明細書	様式第17号の3（附属明細書）

3. 金融商品取引法

金融商品取引法の財務諸表は、財務諸表等規則などに基づき作成されるが、別記事業に該当する建設会社の財務諸表については、特に法令の定めがある場合又はその所管官庁が会社計算規則に準じて計算書類準則を定めている場合は、その定めによるとしている（財規第2条）。

このため、別記事業である建設会社が作成する金融商品取引法の財務諸表の用語、様式及び作成方法は建設業法施行規則の定めによることになる。
ただし、金融庁長官が必要と認めて指示した事項又は建設業法施行規則に定めのない事項については財務諸表等規則の定めによる（財規第2条ただし書）。

この「ただし書」の規定により、次の事項については建設業法施行規則の定めによらず、財務諸表等規則の定める別記以外の事業に適用される記載方

法による。

(1) 貸借対照表関係
　① 関係会社に該当する会社に関する事項
　② 繰延税金資産及び繰延税金負債に関する事項
　③ 株主、役員若しくは従業員に対する債権債務に関する事項
　④ 有形固定資産、減価償却累計額及び減損損失累計額に関する事項
　⑤ 財務諸表等規則第54条の4のたな卸資産及び工事損失引当金の表示に関する事項
　⑥ 純資産の部に関する事項

(2) 損益計算書関係
　① 関係会社との取引に基づき発生した収益又は費用に関する事項
　② 営業外収益又は営業外費用に関する事項
　③ 財務諸表等規則第54条の4、5に規定する当期純損益金額と同一のものに関する事項
　④ 財務諸表等規則第98条に規定する引当金繰入額に関する事項

(3) 株主資本等変動計算書関係
　株主資本等変動計算書は財務諸表等規則様式第7号により記載する。

② 貸借対照表

> **Point** 貸借対照表は、決算日における財政状態を正しく表示しなければならない。

　省令様式及び「国土交通省告示、勘定科目の分類」により、建設業法の貸借対照表の様式、記載要領及び勘定科目の内容は規定されている。

1. 貸借対照表とは

　貸借対照表は、企業等の財政状態を明らかにするために、決算日におけるすべての資産、負債及び純資産を記載した計算書類であり、株主、債権者、その他の利害関係者に対して企業等の財政状態を正しく表示しなければならない。

　従来、貸借対照表で区分されていた資本は、資本の概念の定義が必ずしも明確でなかったが、国際的な会計基準の動向等から、資産性又は負債性をもつものを資産の部又は負債の部に記載し、資産から負債を控除した差額を純資産の部とし資本の概念を見直している。

　貸借対照表が示す財政状態とは、企業会計の目的を適正な期間損益計算とする考え方のもとでは、企業が経済活動を行うため調達した資金（負債、純資産）とその運用の状況（資産）を示すものとされてきたが、近年、会計基準の国際的調和の流れを受けて、時価主義の影響が強まり、貸借対照表が示

す財政状態とは、決算日における企業の現在価値(資産の現在価値から負債の現在価値を控除したもの)を表すものとの考え方に変ってきている。

2. 貸借対照表の作成原則

貸借対照表に決算日におけるすべての資産、負債及び純資産を記載するためには、すべての取引について正規の簿記の原則に従って正確な会計帳簿を作成することが重要であることから、貸借対照表の作成のため次の原則がある。

(1) 貸借対照表完全性の原則

貸借対照表完全性の原則とは、貸借対照表に決算日におけるすべての資産、負債及び純資産を記載しなければならないとするものである。

ただし、企業会計の目的は企業の財務内容を明らかにし、企業の状況に関する利害関係者の判断を誤らせないことにあるため、重要性の乏しい取引については、本来の厳密な会計処理によらないで、簡便な方法によることが認められている。

その結果、簿外資産、簿外負債が生じたとしても、正規の簿記の原則に従って会計処理された結果とみなされ、貸借対照表完全性の原則の例外として認められている。

(2) 総額主義の原則

資産、負債及び純資産は、総額で記載することを原則とし、資産の項目と負債又は純資産の項目とを相殺することにより、その全部又は一部を貸借対照表から除去してはならない。

資産の項目と負債又は純資産の項目とを相殺して貸借対照表に表示すると、その相殺した金額だけ貸借対照表が圧縮され、利害関係者が企業の財政状態を誤って判断する恐れがあるため総額で記載する必要がある。

3. 貸借対照表の作成

(1) 貸借対照表の様式

貸借対照表の様式には、次の方法がある。

① 報告式

報告式は資産、負債、純資産を順に上から記載する方式である。

資産	○○
負債	○○
純資産	○○

② 勘定式

勘定式は資産を左側に、負債及び純資産を右側に記載し、左右対照でバランスをとる方式である。

資産	○○	負債	○○
		純資産	○○
資産合計	○○	負債及び純資産合計	○○

貸借対照表の様式については省令様式は報告式によることを規定している。

また、会社法の貸借対照表の様式については、会社法は特に規定していないので、報告式又は勘定式のいずれの様式によることもできるが、一般的には株主、債権者等が理解しやすい勘定式で作成される場合が多い。

(2) 貸借対照表の区分

貸借対照表は、資産の部、負債の部及び純資産の部に区分し、さらに資産の部を流動資産、固定資産及び繰延資産に、負債の部を流動負債及び固定負債に区分しなければならない。

会社計算規則及び省令様式第 15 号により次の貸借対照表の区分が示されている。

    資産の部
     流動資産
     固定資産
      有形固定資産
      無形固定資産
      投資その他の資産
     繰延資産

    負債の部
     流動負債
     固定負債

    純資産の部
     株主資本
      資本金
      新株式申込証拠金
      資本剰余金
      利益剰余金
      自己株式
      自己株式申込証拠金
     評価・換算差額等
      その他有価証券評価差額金
      繰延ヘッジ損益
      土地再評価差額金
     新株予約権

① 流動と固定に区分する基準
　　流動と固定に区分する基準には営業循環基準と1年基準がある。（企業会計原則注解注16）営業循環基準は企業等の主目的である営業取引により発生した受取手形、完成工事未収入金、支払手形、工事未払金、未成工事受入金等の債権及び債務は流動資産又は流動負債とする基準である。

　　1年基準は企業等の主目的以外の取引により発生した貸付金、差入保証金、借入金、受入保証金等の債権及び債務は決算日から1年以内に入金又は支払期限が到来するものは流動資産又は流動負債とし、1年を超えるものは固定資産又は固定負債とする基準である。

② 貸借対照表の配列
　　貸借対照表の資産の部、負債の部をそれぞれ流動資産と固定資産、流動負債と固定負債に区分しなければならないが、これらの配列については企業会計原則は原則として流動性配列法によるとしている。
　　流動性配列法は流動性の高い順に配列する方法で資産については、流動資産、固定資産の順に、負債については流動負債、固定負債の順に、負債の次に純資産を配列する方法である。
　　我が国においては流動性配列法が一般的であり、省令様式も流動性配列法によっている。

4．会社法貸借対照表

　会社法の貸借対照表は勘定式と報告式のいずれの様式によることもできるが、一般的には、株主、債権者等が理解しやすい勘定式を採用している場合が多い。

次の貸借対照表は「建設業会計提要」に記載されている経団連のひな型を基にした会社法貸借対照表の記載例である。

貸 借 対 照 表
（平成○年○月○日現在）

(単位：百万円)

科　　目	金　　額	科　　目	金　　額
（資産の部）		（負債の部）	
流動資産	×××	流動負債	×××
現金預金	×××	支払手形	×××
受取手形	×××	工事未払金	×××
完成工事未収入金	×××	短期借入金	×××
有価証券	×××	リース債務	×××
未成工事支出金	×××	未払金	×××
材料貯蔵品	×××	未払費用	×××
短期貸付金	×××	未払法人税等	×××
前払費用	×××	未成工事受入金	×××
繰延税金資産	×××	預り金	×××
その他	×××	前受収益	×××
貸倒引当金	△×××	・・・引当金	×××
固定資産	×××	その他	×××
有形固定資産	×××	固定負債	×××
建物・構築物	×××	社債	×××
機械・運搬具	×××	長期借入金	×××
工具器具・備品	×××	リース債務	×××
土地	×××	・・・引当金	×××
リース資産	×××	その他	×××
建設仮勘定	×××	負債合計	×××
その他	×××	（純資産の部）	
無形固定資産	×××	株主資本	×××
のれん	×××	資本金	×××
ソフトウエア	×××	資本剰余金	×××
その他	×××	資本準備金	×××
投資その他の資産	×××	その他資本剰余金	×××
投資有価証券	×××	利益剰余金	×××
関係会社株式・関係会社出資金	×××	利益準備金	×××
長期貸付金	×××	その他利益剰余金	×××
繰延税金資産	×××	・・・準備金	×××
その他	×××	・・・積立金	×××

貸倒引当金	△×××	繰越利益剰余金	×××
繰延資産	×××	自己株式	△×××
社債発行費	×××	**評価・換算差額等**	×××
		その他有価証券評価差額金	×××
		繰延ヘッジ損益	×××
		土地再評価差額金	×××
		新株予約権	×××
		純資産合計	×××
資産合計	×××	負債純資産合計	×××

5．建設業法貸借対照表

　新しく建設業を営もうとする者は、建設業法上の許可申請書の添付書類（建設業法第6条第1項第6号）として貸借対照表、損益計算書、株主資本等変動計算書及び注記表を提出し、また、許可を受けた者は、毎事業年度経過後に届出を必要とする書類（建設業法第11条第2項）として、これらの書類、及び株式会社である場合は事業報告を国土交通大臣又は都道府県知事に提出しなければならない。

　このため、建設業を営む会社は省令様式第15号により、個人の場合は省令様式第18号により貸借対照表を作成する。

```
様式第十五号（第四条、第十条、第十九条の四関係）          （用紙Ａ4）

                    貸 借 対 照 表
                    平成　　年　　月　　日現在
                                                    （会社名）

                    資　産　の　部

  Ⅰ　流動資産                                          千円
    　現金預金                                          ×××
```

		受取手形		× × ×
		完成工事未収入金		× × ×
		有価証券		× × ×
		未成工事支出金		× × ×
		材料貯蔵品		× × ×
		短期貸付金		× × ×
		前払費用		× × ×
		繰延税金資産		× × ×
		その他		× × ×
		貸倒引当金		△× × ×
		流動資産合計		× × × ×
Ⅱ	固 定 資 産			
	(1)	有形固定資産		
		建物・構築物	× × ×	
		減価償却累計額	△× × ×	× × ×
		機械・運搬具	× × ×	
		減価償却累計額	△× × ×	× × ×
		工具器具・備品	× × ×	
		減価償却累計額	△× × ×	× × ×
		土地		× × ×
		リース資産	× × ×	
		減価償却累計額	△× × ×	× × ×
		建設仮勘定		× × ×
		その他	× × ×	
		減価償却累計額	△× × ×	× × ×
		有形固定資産合計		× × ×
	(2)	無形固定資産		
		特許権		× × ×
		借地権		× × ×
		のれん		× × ×
		リース資産		× × ×
		その他		× × ×
		無形固定資産合計		× × ×
	(3)	投資その他の資産		
		投資有価証券		× × ×
		関係会社株式・関係会社出資金		× × ×
		長期貸付金		× × ×
		破産更生債権等		× × ×
		長期前払費用		× × ×
		繰延税金資産		× × ×
		その他		× × ×
		貸倒引当金		△× × ×

	投資その他の資産合計	×××
	固定資産合計	××××
Ⅲ　繰 延 資 産		
	創立費	×××
	開業費	×××
	株式交付費	×××
	社債発行費	×××
	開発費	×××
	繰延資産合計	××××
	資産合計	××××

負　債　の　部

Ⅰ　流 動 負 債		
	支払手形	×××
	工事未払金	×××
	短期借入金	×××
	リース債務	×××
	未払金	×××
	未払費用	×××
	未払法人税等	×××
	繰延税金負債	×××
	未成工事受入金	×××
	預り金	×××
	前受収益	×××
	・・・引当金	×××
	その他	×××
	流動負債合計	××××
Ⅱ　固 定 負 債		
	社債	×××
	長期借入金	×××
	リース債務	×××
	繰延税金負債	×××
	・・・引当金	×××
	負ののれん	×××
	その他	×××
	固定負債合計	××××
	負債合計	××××

純　資　産　の　部

Ⅰ　株 主 資 本		
(1)　資本金		××××
(2)　新株式申込証拠金		××××

239

	(3)	資本剰余金		
		資本準備金		×××
		その他資本剰余金		×××
		資本剰余金合計		××××
	(4)	利益剰余金		
		利益準備金		×××
		その他利益剰余金		
		・・・準備金		××
		・・・積立金		××
		繰越利益剰余金		×××
		利益剰余金合計		××××
	(5)	自己株式		△××××
	(6)	自己株式申込証拠金		××××
		株主資本合計		××××
Ⅱ	評価・換算差額等			
	(1)	その他有価証券評価差額金		×××
	(2)	繰延ヘッジ損益		×××
	(3)	土地再評価差額金		×××
		評価・換算差額等合計		××××
Ⅲ	新株予約権			××××
		純資産合計		××××
		負債純資産合計		××××

記載要領
1　貸借対照表は、一般に公正妥当と認められる企業会計の基準その他の企業会計の慣行をしん酌し、会社の財産の状態を正確に判断することができるよう明瞭に記載すること。
2　勘定科目の分類は、国土交通大臣が定めるところによること。
3　記載すべき金額は、千円単位をもって表示すること。
　　ただし、会社法（平成17年法律第86号）第2条第6号に規定する大会社にあっては、百万円単位をもって表示することができる。この場合、「千円」とあるのは「百万円」として記載すること。
4　金額の記載に当たって有効数字がない場合においては、科目の名称の記載を要しない。
5　流動資産、有形固定資産、無形固定資産、投資その他の資産、流動負債及び固定負債に属する科目の掲記が「その他」のみである場合においては、科目の記載を要しない。
6　建設業以外の事業を併せて営む場合においては、当該事業の営業取引に係る資産についてその内容を示す適当な科目をもって記載すること。
　　ただし、当該資産の金額が資産の総額の100分の1以下のものについては、同一の性格の科目に含めて記載することができる。
7　流動資産の「有価証券」又は「その他」に属する親会社株式の金額が資産の総額の100分の1を超えるときは、「親会社株式」の科目をもって記載すること。投資その他の資産の「関係会社株式・関係会社出資金」に属する親会社株式についても同様に、投資その他の資産に「親会社株式」の科目をもって記載すること。
8　流動資産、有形固定資産、無形固定資産又は投資その他の資産の「その他」に属する資

産でその金額が資産の総額の100分の1を超えるものについては、当該資産を明示する科目をもって記載すること。
9 記載要領6及び8は、負債の部の記載に準用する。
10 「材料貯蔵品」、「短期貸付金」、「前払費用」、「特許権」、「借地権」及び「のれん」は、その金額が資産の総額の100分の1以下であるときは、それぞれ流動資産の「その他」、無形固定資産の「その他」に含めて記載することができる。
11 記載要領10は、「未払金」、「未払費用」、「預り金」、「前受収益」及び「負ののれん」の表示に準用する。
12 「繰延税金資産」及び「繰延税金負債」は、税効果会計の適用にあたり、一時差異（会計上の簿価と税務上の簿価との差額）の金額に重要性がないために、繰延税金資産又は繰延税金負債を計上しない場合には記載を要しない。
13 流動資産に属する「繰延税金資産」の金額及び流動負債に属する「繰延税金負債」の金額については、その差額のみを「繰延税金資産」又は「繰延税金負債」として流動資産又は流動負債に記載する。固定資産に属する「繰延税金資産」の金額及び固定負債に属する「繰延税金負債」の金額についても、同様とする。
14 各有形固定資産に対する減損損失累計額は、各資産の金額から減損損失累計額を直接控除し、その控除残高を各資産の金額として記載する。
15 「リース資産」に区分される資産については、有形固定資産に属する各科目（「リース資産」及び「建設仮勘定」を除く。）又は無形固定資産に属する各科目（「のれん」及び「リース資産」を除く。）に含めて記載することができる。
16 「関係会社株式・関係会社出資金」については、いずれか一方がない場合においては、「関係会社株式」又は「関係会社出資金」として記載すること。
17 持分会社である場合においては、「関係会社株式」を投資有価証券に、「関係会社出資金」を投資その他の資産の「その他」に含めて記載することができる。
18 「のれん」の金額及び「負ののれん」の金額については、その差額のみを「のれん」又は「負ののれん」として記載する。
19 持分会社である場合においては、「株主資本」とあるのは「社員資本」と、「新株式申込証拠金」とあるのは「出資金申込証拠金」として記載することとし、資本剰余金及び利益剰余金については、「準備金」と「その他」に区分しての記載を要しない。
20 その他利益剰余金又は利益剰余金合計の金額が負となった場合は、マイナス残高として記載する。
21 「その他有価証券評価差額金」、「繰延ヘッジ損益」及び「土地再評価差額金」のほか、評価・換算差額等に計上することが適当であると認められるものについては、内容を明示する科目をもって記載することができる。

（参考）個人の場合
様式第十八号（第四条、第十条、第十九条の四関係）

(用紙Ａ４)

貸　借　対　照　表
平成　　年　　月　　日現在

(商号又は名称)

資 産 の 部

I 流 動 資 産　　　　　　　　　　　　　　　　　　　　千 円
　　現金預金　　　　　　　　　　　　　　　　　　　　× ×
　　受取手形　　　　　　　　　　　　　　　　　　　　× ×
　　完成工事未収入金　　　　　　　　　　　　　　　　× ×
　　有価証券　　　　　　　　　　　　　　　　　　　　× ×
　　未成工事支出金　　　　　　　　　　　　　　　　　× ×
　　材料貯蔵品　　　　　　　　　　　　　　　　　　　× ×
　　その他　　　　　　　　　　　　　　　　　　　　　× ×
　　　貸倒引当金　　　　　　　　　　　　　　　　　△× ×
　　　　流動資産合計　　　　　　　　　　　　　　　× × ×
II 固 定 資 産
　　建物・構築物　　　　　　　　　　　　　　　　　　× ×
　　機械・運搬具　　　　　　　　　　　　　　　　　　× ×
　　工具器具・備品　　　　　　　　　　　　　　　　　× ×
　　土地　　　　　　　　　　　　　　　　　　　　　　× ×
　　建設仮勘定　　　　　　　　　　　　　　　　　　　× ×
　　破産更生債権等　　　　　　　　　　　　　　　　　× ×
　　その他　　　　　　　　　　　　　　　　　　　　△× ×
　　　　固定資産合計　　　　　　　　　　　　　　　× × ×
　　　　資産合計　　　　　　　　　　　　　　　　　× × ×

負 債 の 部

I 流 動 負 債
　　支払手形　　　　　　　　　　　　　　　　　　　　× ×
　　工事未払金　　　　　　　　　　　　　　　　　　　× ×
　　短期借入金　　　　　　　　　　　　　　　　　　　× ×
　　未払金　　　　　　　　　　　　　　　　　　　　　× ×
　　未成工事受入金　　　　　　　　　　　　　　　　　× ×
　　預り金　　　　　　　　　　　　　　　　　　　　　× ×
　　・・・引当金　　　　　　　　　　　　　　　　　　× ×
　　その他　　　　　　　　　　　　　　　　　　　　　× ×
　　　　流動負債合計　　　　　　　　　　　　　　　× × ×
II 固 定 負 債
　　長期借入金　　　　　　　　　　　　　　　　　　　× ×
　　その他　　　　　　　　　　　　　　　　　　　　　× ×
　　　　固定負債合計　　　　　　　　　　　　　　　× × ×
　　　　負債合計　　　　　　　　　　　　　　　　　× × ×

純 資 産 の 部

　　期首資本金　　　　　　　　　　　　　　　　　　　× ×
　　事業主借勘定　　　　　　　　　　　　　　　　　　× ×
　　事業主貸勘定　　　　　　　　　　　　　　　　　△× ×

　　　　　事業主利益　　　　　　　　　　　　　　　　　　　　××
　　　　　　　純資産合計　　　　　　　　　　　　　　　　　×××
　　　　　　　負債純資産合計　　　　　　　　　　　　　　　×××

注　消費税及び地方消費税に相当する額の会計処理の方法

記載要領
　1　貸借対照表は、財産の状態を正確に判断することができるよう明瞭に記載すること。
　2　下記以外の勘定科目の分類は、法人の勘定科目の分類によること。
　　　　期首資本金―――前期末の資本合計
　　　　事業主借勘定―――事業主が事業外資金から事業のために借りたもの
　　　　事業主貸勘定―――事業主が営業の資金から家事費等に充当したもの
　　　　事業主利益（事業主損失）―――損益計算書の事業主利益（事業主損失）
　3　記載すべき金額は、千円単位をもって表示すること。
　4　金額の記載に当たって有効数字がない場合においては、科目の名称の記載を要しない。
　5　流動資産、有形固定資産、無形固定資産、投資その他の資産、流動負債、固定負債に属する科目の掲記が「その他」のみである場合においては、科目の記載を要しない。
　6　流動資産の「その他」又は固定資産の「その他」に属する資産で、その金額が資産の総額100分の1を超えるものについては、当該資産を明示する科目をもって記載すること。
　7　記載要領6は、負債の部の記載に準用する。
　8　「・・・引当金」には、完成工事補償引当金その他の当該引当金の設定科目を示す名称を付した科目をもって掲記すること。
　9　注は、税抜方式及び税込方式のうち貸借対照表及び損益計算書の作成に当たって採用したものをいう。
　　　ただし、経営状況分析申請書又は経営規模等評価申請書に添付する場合には、税抜方式を採用すること。

③ 損益計算書

> **Point** 損益計算書は、一定期間の経営成績を正しく表示しなければならない。

省令様式及び「国土交通省告示、勘定科目の分類」により、建設業法の損益計算書の様式、記載要領及び勘定科目の内容は規定されている。

1. 損益計算書とは

損益計算書は企業等の経営成績を明らかにするために、一会計期間に属するすべての収益とこれに対応するすべての費用を記載して、経常利益を表示し、これに特別損益項目を加減して当期純利益を記載した計算書類であり、株主、債権者、その他の利害関係者に対して企業等の経営成績を正しく表示しなければならない。

この損益計算書については次の2つの考え方がある。

(1) 当期業績主義

当期業績主義とは、損益計算書の利益を企業の正常な収益力に求め、毎期経常的に発生する収益及び費用を損益計算書に示し、毎期経常的に生ずる利益を計算しようとするものである。

(2) 包括主義

包括主義とは損益計算書の利益を企業の正常な収益力である経常的に発生

する収益及び費用だけでなく、臨時損益、前期損益修正等の特別損益を含めたすべての収益及び費用を損益計算書に示すものである。

企業会計原則では、損益計算書は経常利益を表示し、これに特別損益項目を加減して当期純利益を表示するとしていることから包括主義を採用していると解釈されるが、さらに、損益計算書を企業等の活動ごとに区分し、営業損益、経常損益、純損益と段階的に損益を計算する区分損益計算書の形式をとることで正常な収益力を把握することを可能にしている。

2．損益計算書の作成原則

損益計算書に一会計期間に属するすべての収益とこれに対応するすべての費用を記載するためには収益及び費用を認識する時点並びに収益及び費用の金額を測定することが重要となる。

この収益及び費用の認識並びに測定を基本として損益計算書の作成のため次の原則がある。

(1) 発生主義の原則

すべての収益及び費用は、その収入及び支出に基づいて計上し、その発生した期間に正しく処理しなければならない。

発生主義の原則は、収益及び費用の認識をそれらの発生の事実に基づき認識することを求めている考えである。この場合、収益については実現主義の考えから、未実現収益は原則として計上してはならない。

(2) 実現主義の原則

企業会計原則は、売上高は実現主義の原則に従い、商品の販売又は役務の給付によって実現したものに限るとしている。

実現主義とは収益を実現した時点で認識する考え方であり、実現の時点と

は現金又は現金等価物の取得をいう。

　この実現主義により収益を認識する場合は、第3者への商品の販売等の事実に基づいて収益を認識するため、確実性のある収益を計上することができるとともに現金又は現金等価物を取得することができる。

(3) 総額主義の原則

　収益及び費用は、総額によって記載することを原則とし、収益の項目と費用の項目を直接に相殺することによりその全部又は一部を損益計算書から除去してはならない。

　収益と費用を総額で示さず、相殺して差額だけ表示すると、利害関係者は企業の取引の規模を把握することができず、誤った判断をする恐れがある。

(4) 費用収益対応の原則

　収益及び費用は、その発生源泉に従い分類して、各収益項目と費用項目とを損益計算書に対応表示しなければならない。

　企業等は利益を獲得するために、企業等の主目的である営業活動のほか、事業資金を調達するための財務活動や、運用するための投資活動等を行っている。

　利害関係者が利益の大きさだけでなく、その利益が営業活動、財務活動、投資活動等のどの活動から生じたものかの発生源泉が分かるようにするため、収益と費用を損益計算書で発生源泉別に分類表示することを求めている。

3. 損益計算書の作成

(1) 損益計算書の様式

　損益計算書の様式には、次の方法がある。
　① 報告式
　　報告式は収益、費用を順に上から記載し、差額を利益又は損失として

記載する方式である。

収益	○○
費用	○○
利益又は損失	○○

② 勘定式

　　勘定式は収益を右側に、費用を左側に記載し収益と費用の差額を利益又は損失とし、左右対照でバランスをとる方式である。

費用	○○	収益	○○
利益	○○		
合計	○○	合計	○○

　　なお、損失の場合は、右側に記載する。

　損益計算書の様式については、省令様式は報告式によることを規定している。

　また、会社法の損益計算書の様式については、会社法は特に規定していないので、報告式又は勘定式のいずれの様式によることもできるが、一般的には株主、債権者等が理解しやすい報告式で作成される場合が多い。

(2) 損益計算書の区分

　損益計算書は営業損益計算、経常損益計算及び純損益計算の区分を設けなければならない。

　営業損益計算の区分は、企業等の主目的である営業活動から生じる収益及び費用を記載して営業損益を計算する。

　経常損益計算の区分は営業損益に、受取利息、支払利息等の営業活動以外の原因から生じる損益で特別損益に属しないものを記載し、経常損益を計算する。

　純損益計算の区分は、経常損益に前期損益修正、固定資産売却損益等の特

別損益を記載し、当期純利益を計算する。

会社計算規則及び省令様式第16号により次の損益計算書の区分が示されている。

> 売上高
> 売上原価
> 　　売上総利益（売上総損失）
> 販売費及び一般管理費
> 　　営業利益（営業損失）
> 営業外収益
> 営業外費用
> 　　経常利益（経常損失）
> 特別利益
> 特別損失
> 　　税引前当期純利益（税引前当期純損失）
> 　　法人税、住民税及び事業税
> 　　法人税等調整額
> 　　当期純利益（当期純損失）

4. 会社法損益計算書

　会社法の損益計算書は報告式と勘定式のいずれの様式によることもできるが一般的には報告式を採用し、また、販売費及び一般管理費は総額で記載している場合が多い。

　次の損益計算書は「建設業会計提要」に記載されている経団連のひな型を基にした会社法損益計算書の記載例である。

損 益 計 算 書
(自平成○年○月○日　至平成○年○月○日)

(単位：百万円)

科　　　　目	金　　額	
完成工事高		×××
完成工事原価		×××
完成工事総利益（完成工事総損失）		×××
販売費及び一般管理費		×××
営業利益（営業損失）		×××
営業外収益		
受取利息配当金	×××	
その他	×××	×××
営業外費用		
支払利息	×××	
貸倒引当金繰入額	×××	
貸倒損失	×××	
その他	×××	×××
経常利益（経常損失）		×××
特別利益		
前期損益修正益	×××	
その他	×××	×××
特別損失		
前期損益修正損	×××	
その他	×××	×××
税引前当期純利益（税引前当期純損失）		×××
法人税、住民税及び事業税	×××	
法人税等調整額	×××	×××
当期純利益（当期純損失）		×××

5. 建設業法損益計算書

　建設業を営む会社は省令様式第16号により、個人の場合は省令様式第19号により損益計算書を作成する。

様式第十六号（第四条、第十条、第十九条の四関係）

(用紙Ａ４)

$$損 \quad 益 \quad 計 \quad 算 \quad 書$$

自 平成　　年　　月　　日
至 平成　　年　　月　　日

(会社名)

Ⅰ 売　上　高			千円
完成工事高		×××	
兼業事業売上高		×××	××××
Ⅱ 売　上　原　価			
完成工事原価		×××	
兼業事業売上原価		×××	××××
売上総利益（売上総損失）			
完成工事総利益（完成工事総損失）		×××	
兼業事業総利益（兼業事業総損失）		×××	××××
Ⅲ 販売費及び一般管理費			
役員報酬		×××	
従業員給料手当		×××	
退職金		×××	
法定福利費		×××	
福利厚生費		×××	
修繕維持費		×××	
事務用品費		×××	
通信交通費		×××	
動力用水光熱費		×××	
調査研究費		×××	
広告宣伝費		×××	
貸倒引当金繰入額		×××	
貸倒損失		×××	
交際費		×××	
寄付金		×××	
地代家賃		×××	
減価償却費		×××	
開発費償却		×××	
租税公課		×××	
保険料		×××	
雑　費		×××	××××
営業利益（営業損失）			××××
Ⅳ 営　業　外　収　益			
受取利息及び配当金		×××	

その他	×××	××××
Ⅴ 営 業 外 費 用		
支払利息	×××	
貸倒引当金繰入額	×××	
貸倒損失	×××	
その他	×××	××××
経常利益（経常損失）		××××
Ⅵ 特 別 利 益		
前期損益修正益	×××	
その他	×××	××××
Ⅶ 特 別 損 失		
前期損益修正損	×××	
その他	×××	
税引前当期純利益（税引前当期純損失）		××××
法人税、住民税及び事業税	×××	
法人税等調整額	×××	××××
当期純利益（当期純損失）		××××

記載要領

1　損益計算書は、一般に公正妥当と認められる企業会計の基準その他の企業会計の慣行をしん酌し、会社の損益の状態を正確に判断することができるよう明瞭に記載すること。

2　勘定科目の分類は、国土交通大臣が定めるところによること。

3　記載すべき金額は、千円単位をもって表示すること。

　　ただし、会社法（平成17年法律第86号）第2条第6号に規定する大会社にあっては、百万円単位をもって表示することができる。この場合、「千円」とあるのは「百万円」として記載すること。

4　金額の記載に当たって有効数字がない場合においては、科目の名称の記載を要しない。

5　兼業事業とは、建設業以外の事業を併せて営む場合における当該建設業以外の事業をいう。この場合において兼業事業の表示については、その内容を示す適当な名称をもって記載することができる。

　　なお、「兼業事業売上高」（二以上の兼業事業を営む場合においては、これらの兼業事業の売上高の総計）の「売上高」に占める割合が軽微な場合においては、「売上高」、「売上原価」及び「売上総利益（売上総損失）」を建設業と兼業事業とに区分して記載することを要しない。

6　「雑費」に属する費用で販売費及び一般管理費の総額の10分の1を超えるものについては、それぞれ当該費用を明示する科目を用いて掲記すること。

7　記載要領6は、営業外収益の「その他」に属する収益及び営業外費用の「その他」に属する費用の記載に準用する。

8　「前期損益修正益」の金額が重要でない場合においては、特別利益の「その他」に含めて記載することができる。

9　特別利益の「その他」については、それぞれ当該利益を明示する科目を用いて掲記すること。

　　ただし、各利益のうち、その金額が重要でないものについては、当該利益を区分掲記し

ないことができる。
10 特別利益に属する科目の掲記が「その他」のみである場合においては、科目の記載を要しない。
11 記載要領8は「前期損益修正損」の記載に、記載要領9は特別損失の「その他」の記載に、記載要領10は特別損失に属する科目の記載にそれぞれ準用すること。
12 「法人税等調整額」は、税効果会計の適用に当たり、一時差異（会計上の簿価と税務上の簿価との差額）の金額に重要性がないために、繰延税金資産又は繰延税金負債を計上しない場合には記載を要しない。
13 税効果会計を適用する最初の事業年度については、その期首に繰延税金資産に記載すべき金額と繰延税金負債に記載すべき金額とがある場合には、その差額を「過年度税効果調整額」として株主資本等変動計算書に記載するものとし、当該差額は「法人税等調整額」には含めない。

(用紙 A 4)

完 成 工 事 原 価 報 告 書

自 平 成 年 月 日
至 平 成 年 月 日

(会社名)

千円

Ⅰ	材料費	×××
Ⅱ	労務費	×××
	（うち労務外注費　　　　　　　　　　××）	
Ⅲ	外注費	×××
Ⅳ	経　費	×××
	（うち人件費　　　　　　　　　　　　××）	
	完成工事原価	××××

(参考) 個人の場合
様式第十九号（第四条、第十条、第十九条の四関係）

(用紙Ａ４)

損　益　計　算　書

自　平成　　年　　月　　日
至　平成　　年　　月　　日

(商号又は名称)

千円

Ⅰ	完 成 工 事 高		×××
Ⅱ	完 成 工 事 原 価		
	材料費	××	
	労務費	××	
	（うち労務外注費	××）	
	外注費	××	
	経　費	××	×××
	完成工事総利益（完成工事総損失）		×××
Ⅲ	販売費及び一般管理費		
	従業員給料手当	××	
	退職金	××	
	法定福利費	××	
	福利厚生費	××	
	維持修繕費	××	
	事務用品費	××	
	通信交通費	××	
	動力用水光熱費	××	
	広告宣伝費	××	
	交際費	××	
	寄付金	××	
	地代家賃	××	
	減価償却費	××	
	租税公課	××	
	保険料	××	
	雑　費	××	×××
	営業利益（営業損失）		×××
Ⅳ	営 業 外 収 益		
	受取利息及び配当金	××	
	その他	××	×××
Ⅴ	営 業 外 費 用		
	支払利息	××	
	その他	××	×××

事業主利益（事業主損失）	×××

注　工事進行基準による完成工事高

記載要領

1　損益計算書は、損益の状態を正確に判断することができるよう明瞭に記載すること。
2　「事業主利益（事業主損失)」以外の勘定科目の分類は、法人の勘定科目の分類によること。
3　記載すべき金額は、千円単位をもって表示すること。
4　金額の記載に当たって有効数字がない場合においては、科目の名称の記載を要しない。
5　建設業以外の事業（以下「兼業事業」という。）を併せて営む場合において兼業事業における売上高が総売上高の10分の1を超えるときは、兼業事業の売上高及び売上原価を建設業と区分して表示すること。
6　「雑費」に属する費用で、販売費及び一般管理費の総額の10分の1を超えるものについては、それぞれ当該費用を明示する科目を用いて掲記すること。
7　記載要領6は、営業外収益の「その他」に属する収益及び営業外費用の「その他」に属する費用の記載に準用する。
8　注は、工事進行基準による完成工事高が「完成工事高」の総額の10分の1を超える場合に記載すること。

④ 株主資本等変動計算書

> **Point** 株主資本等変動計算書は、貸借対照表の純資産の部の変動事由等を報告する。

　株主資本等変動計算書の記載事項等は会社計算規則及び省令様式により規定されている。

1. 株主資本等変動計算書とは

　株主資本等変動計算書は、貸借対照表の純資産の部の一会計期間における変動額のうち、主として株主に帰属する部分である株主資本の各項目の変動事由を報告するための計算書類である。

　会社法では、株主総会又は取締役会の決議により剰余金の配当や株主資本の計数の変動をいつでも行うことができ、また、資本金の減少による資本剰余金の増加、自己株式の処分による剰余金の増減等の株主資本の計数を変動させる取引があることから、資本金、準備金及び剰余金の連続性を把握するため、別個の独立した計算書類として株主資本等変動計算書の作成が定められている。

2. 株主資本等変動計算書の作成

(1) 株主資本等変動計算書の様式

　別記事業会社である建設業者は、会社計算規則第118条の規定により、

株主資本等変動計算書の様式は、省令様式第17号の様式に基づいて作成する。

省令様式に定めのない事項については、記載上の注意に、一般に公正妥当と認められる会計基準等の斟酌規定が置かれており、「株主資本等変動計算書に関する会計基準」等により判断することとなる。

(2) 株主資本等変動計算書の区分

株主資本等変動計算書は、省令様式第17号により次のように区分が示されている。

　　　　　　株主資本
　　　　　　　資本金
　　　　　　　新株式申込証拠金
　　　　　　　資本剰余金
　　　　　　　　資本準備金
　　　　　　　　その他資本剰余金
　　　　　　　利益剰余金
　　　　　　　　利益準備金
　　　　　　　　その他利益剰余金
　　　　　　　　　・・・準備金
　　　　　　　　　・・・積立金
　　　　　　　　繰越利益剰余金
　　　　　　　自己株式
　　　　　　　自己株式申込証拠金
　　　　　　評価・換算差額等
　　　　　　　その他有価証券評価差額金
　　　　　　　繰延ヘッジ損益
　　　　　　　土地再評価差額金

新株予約権

　株主資本等変動計算書の表示項目は省令様式第 17 号に定められているが、その項目は省令様式第 15 号の純資産の部の区分とほぼ一致している。株主資本等変動計算書が貸借対照表の純資産の部の変動を明らかにすることを目的とするため、貸借対照表と整合していることが原則である。

　ただし、その他利益剰余金及び評価・換算差額等については、その内訳科目の前期末残高、当期変動額及び当期末残高を、株主資本等変動計算書に注記により開示することも認められる（省令様式第 17 号　記載要領 5、6）。

(3) 株主資本の表示方法

　株主資本の各項目の変動事由及び金額の記載は概ね貸借対照表における順序による。

　また、株主資本の項目は、それぞれ前期末残高、当期変動額及び当期末残高を明らかにし、当期変動額については変動事由ごとに記載する。

　省令様式第 17 号記載要領 9 では株主資本の各項目の変動事由の例示として次の事由を記載している。

① 当期純利益又は当期純損失
② 新株の発行又は自己株式の処分
③ 剰余金（その他資本剰余金又はその他利益剰余金）の配当
④ 自己株式の取得
⑤ 自己株式の消却
⑥ 企業結合（合併、会社分割、株式交換、株式移転など）による増加又は分割型の会社分割による減少
⑦ 株主資本の計数の変動
　●資本金から準備金又は剰余金への振替
　●準備金から資本金又は剰余金への振替

- 剰余金から資本金又は準備金への振替
- 剰余金の内訳科目間の振替

(4) 評価・換算差額等及び新株予約権の表示方法

評価・換算差額等及び新株予約権に係る各項目は、前期末残高、当期変動額及び当期末残高に区分し、当期変動額は純額で表示する。なお、変動事由別にその金額を表示する方法を事業年度ごと、項目ごとに選択することができる。

当該表示は、変動事由又は金額の重要性などを勘案し、事業年度ごとに、また、項目ごとに選択できる（省令様式第17号　記載要領13）。

また、主な変動事由及びその金額を表示する場合、次の方法を事業年度ごとに、また項目ごとに選択することができる（省令様式第17号　記載要領14）。

① 　株主資本等変動計算書に主な変動事由及びその金額を表示する方法
　　省令様式第17号　記載要領15では変動事由の例示として次の事由を記載している。

- 評価換算差額等
　　その他有価証券評価差額金
　　　　その他有価証券の売却又は減損処理による増減
　　　　純資産の部に直接計上されたその他有価証券評価差額金の増減
　　繰延ヘッジ損益
　　　　ヘッジ対象の損益認識又はヘッジ会計の終了による増減
　　　　純資産の部に直接計上された繰延ヘッジ損益の増減
- 新株予約権

新株予約権の発行、取得、行使、失効、
自己新株予約権の消却、処分

② 株主資本等変動計算書に当期変動額を純額で記載し、主な変動事由及びその金額を注記により開示する方法

3.建設業法株主資本等変動計算書

建設業を営む会社は、省令様式第17号により株主資本等変動計算書を作成する。

様式第十七号（第四条、第十条、第十九条の四関係）

株主資本等変動計算書

自平成　年　月　日
至平成　年　月　日

（用紙Ａ４）
（会社名）
（千円）

	株主資本									評価・換算差額等				新株予約権	純資産合計
	資本金	資本剰余金			利益剰余金				自己株式	株主資本合計	その他有価証券評価差額金	繰延ヘッジ損益	土地再評価差額金	評価・換算差額等合計		
		資本準備金	その他資本剰余金	資本剰余金合計	利益準備金	その他利益剰余金		利益剰余金合計								
						××積立金	繰越利益剰余金									
前期末残高	×××	×××	×××	×××	×××	×××	×××	×××	△×××	×××	×××	×××	×××	×××	×××	×××
当期変動額																
新株の発行	×××	×××		×××						×××						×××
剰余金の配当							△×××	△×××		△×××						△×××
当期純利益							×××	×××		×××						×××
自己株式の処分									×××	×××						×××
株主資本以外の項目の当期変動額（純額）											×××	×××	×××	×××	×××	×××
当期変動額合計	×××	×××	－	×××	－	×××	×××	×××	×××	×××	×××	×××	×××	×××	×××	×××
当期末残高	×××	×××	×××	×××	×××	×××	×××	×××	△×××	×××	×××	×××	×××	×××	×××	×××

記載要領
1　株主資本等変動計算書は、一般に公正妥当と認められる企業会計の基準その他の企業会計の慣行をしん酌し、純資産の部の変動の状態を正確に判断することができるよう明瞭に記載すること。
2　勘定科目の分類は、国土交通大臣が定めるところによること。
3　記載すべき金額は、千円単位をもって表示すること。
　　ただし、会社法（平成 17 年法律第 86 号）第 2 条第 6 号に規定する大会社にあっては、百万円単位をもって表示することができる。この場合、「千円」とあるのは「百万円」として記載すること。
4　金額の記載に当たって有効数字がない場合においては、項目の名称の記載を要しない。
5　その他利益剰余金については、その内訳科目の前期末残高、当期変動額（変動事由ごとの金額）及び当期末残高を株主資本等変動計算書に記載することに代えて、注記により開示することができる。この場合には、その他利益剰余金の前期末残高、当期変動額及び当期末残高の各合計額を株主資本等変動計算書に記載する。
6　評価・換算差額等については、その内訳科目の前期末残高、当期変動額（当期変動額については主な変動事由にその金額を表示する場合には、変動事由ごとの金額を含む。）及び当期末残高を株主資本等変動計算書に記載することに代えて、注記により開示することができる。この場合には、評価・換算差額等の前期末残高、当期変動額及び当期末残高の各合計額を株主資本等変動計算書に記載する。
7　各合計額の記載は、株主資本合計を除き省略することができる。
8　株主資本の各項目の変動事由及びその金額の記載は、概ね貸借対照表における表示の順序による。
9　株主資本の各項目の変動事由には、例えば以下のものが含まれる。
　(1)　当期純利益又は当期純損失
　(2)　新株の発行又は自己株式の処分
　(3)　剰余金（その他資本剰余金又はその他利益剰余金）の配当
　(4)　自己株式の取得
　(5)　自己株式の消却
　(6)　企業結合（合併、会社分割、株式交換、株式移転など）による増加又は分割型の会社分割による減少
　(7)　株主資本の計数の変動
　　①　資本金から準備金又は剰余金への振替
　　②　準備金から資本金又は剰余金への振替
　　③　剰余金から資本金又は準備金への振替
　　④　剰余金の内訳科目間の振替
10　剰余金の配当については、剰余金の変動事由として当期変動額に表示する。
11　税効果会計を適用する最初の事業年度については、その期首に繰延税金資産に記載すべき金額と繰延税金負債に記載すべき金額とがある場合には、その差額を「過年度税効果調整額」として繰越利益剰余金の当期変動額に表示する。
12　新株の発行の効力発生日に資本金又は資本準備金の額の減少の効力が発生し、新株の発行により増加すべき資本金又は資本準備金と同額の資本金又は資本準備金の額を減少させた場合には、変動事由の表示方法として、以下のいずれかの方法により記載するものとす

る。
(1) 新株の発行として、資本金又は資本準備金の額の増加を記載し、また、株主資本の計数の変動手続き（資本金又は資本準備金の額の減少に伴うその他資本剰余金の額の増加）として、資本金又は資本準備金の額の減少及びその他資本剰余金の額の増加を記載する方法。
(2) 新株の発行として、直接、その他資本剰余金の額の増加を記載する方法。
企業結合の効力発生日に資本金又は資本準備金の額の減少の効力が発生した場合についても同様に取り扱う。
13 株主資本以外の各項目の当期変動額は、純額で表示するが、主な変動事由及びその金額を表示することができる。当該表示は、変動事由又は金額の重要性などを勘案し、事業年度ごとに、また、項目ごとに選択することができる。
14 株主資本以外の各項目の主な変動事由及びその金額を表示する場合、以下の方法を事業年度ごとに、また、項目ごとに選択することができる。
(1) 株主資本等変動計算書に主な変動事由及びその金額を表示する方法
(2) 株主資本等変動計算書に当期変動額を純額で記載し、主な変動事由及びその金額を注記により開示する方法
15 株主資本以外の各項目の主な変動事由及びその金額を表示する場合、当該変動事由には、例えば以下のものが含まれる。
(1) 評価・換算差額等
① その他有価証券評価差額金
その他有価証券の売却又は減損処理による増減
純資産の部に直接計上されたその他有価証券評価差額金の増減
② 繰延ヘッジ損益
ヘッジ対象の損益認識又はヘッジ会計の終了による増減
純資産の部に直接計上された繰延ヘッジ損益の増減
(2) 新株予約権
新株予約権の発行
新株予約権の取得
新株予約権の行使
新株予約権の失効
自己新株予約権の消却
自己新株予約権の処分
16 株主資本以外の各項目のうち、その他有価証券評価差額金について、主な変動事由及びその金額を表示する場合、時価評価の対象となるその他有価証券の売却又は減損処理による増減は、原則として、以下のいずれかの方法により計算する。
(1) 損益計算書に計上されたその他有価証券の売却損益等の額に税効果を調整した後の額を表示する方法
(2) 損益計算書に計上されたその他有価証券の売却損益等の額を表示する方法
この場合、評価・換算差額等に対する税効果の額を、別の変動事由として表示する。また、当該税効果の額の表示は、評価・換算差額等の内訳項目ごとに行う方法、その他有価証券評価差額金を含む評価・換算差額等に対する税効果の額の合計による方法のいずれによることもできる。また、繰延ヘッジ損益についても同様に取り扱う。

なお、税効果の調整の方法としては、例えば、評価・換算差額等の増減があった事業年度の法定実効税率を使用する方法や繰延税金資産の回収可能性を考慮した税率を使用する方法などがある。
17 持分会社である場合においては、「株主資本等変動計算書」とあるのは「社員資本等変動計算書」と、「株主資本」とあるのは「社員資本」として記載する。

⑤ 注記表

> **Point** 注記表は、貸借対照表、損益計算書及び株主資本等変動計算書等の補足事項を記載する。

注記表の記載事項等は、会社計算規則及び省令様式により規定されている。

1. 注記表とは

注記表は、貸借対照表、損益計算書及び株主資本等変動計算書などに関係する重要な補足事項を記載した計算書類である。

注記表は会社法及び会社計算規則で新たに創設された計算書類の1つである。

旧商法施行規則では、注記事項は、貸借対照表又は損益計算書の注記として規定されていたが、会社計算規則では、継続企業の前提に関する注記、重要な後発事象に関する注記等の貸借対照表、損益計算書及び株主資本等変動計算書のいずれにも直接結びつかない注記項目が増えたことから注記表として独立させたものである。

省令様式も会社法にあわせて改正され、様式第17号の2注記表にまとめられ、会社計算規則とほぼ同一の注記項目を規定している。

なお、注記表は、会社法では個別注記表と連結注記表をいうが、建設業法では個別の計算書類のみを作成するため、建設業法上の注記表とは個別注記表をいう。

2．注記表の記載事項

　注記表は、全項目を一括して記載するほか、貸借対照表、損益計算書及び株主資本等変動計算書に関連する項目へ分類し、各々の計算書の末尾に脚注形式で記載することができる（計規第57条第3項）。

　省令様式第17号の2　記載要領において「注記事項は、貸借対照表、損益計算書、株主資本等変動計算書の適当な場所に記載することができる。」とし、建設業者の作成する計算書類においても、従来どおりの脚注形式の記載が許容されている。

　省令様式第17号の2においては、次の項目について記載を求めている。
　なお、会社計算規則では、「持分法損益等に関する注記」の記載も求めている。

(1)　継続企業の前提に関する注記
(2)　重要な会計方針に係る事項に関する注記
(3)　貸借対照表に関する注記
(4)　損益計算書に関する注記
(5)　株主資本等変動計算書に関する注記
(6)　税効果会計に関する注記
(7)　リース取引により使用する固定資産に関する注記
(8)　金融商品に関する注記
(9)　賃貸等不動産に関する注記
(10)　関連当事者との取引に関する注記
(11)　1株当たり情報に関する注記
(12)　重要な後発事象に関する注記
(13)　連結配当規制適用会社に関する注記
(14)　その他の注記

これらの項目は、会計監査人設置の有無及び会社の公開性の別により取扱いが異なっており、省令様式第17号の2の記載要領1ではそれらの関係を次の表にしている。

	株式会社 会計監査人設置会社	株式会社 会計監査人なし 公開会社	株式会社 会計監査人なし 株式譲渡制限会社	持分会社
1　継続企業の前提に重要な疑義を生じさせるような事象又は状況	○	×	×	×
2　重要な会計方針	○	○	○	○
3　貸借対照表関係	○	○	×	×
4　損益計算書関係	○	○	×	×
5　株主資本等変動計算書関係	○	○	○	×
6　税効果会計	○	○	×	×
7　リースにより使用する固定資産	○	○	×	×
8　金融商品関係	○	○	×	×
9　賃貸等不動産関係	○	○	×	×
10　関連当事者との取引	○	○	×	×
11　一株当たり情報	○	○	×	×
12　重要な後発事象	○	○	×	×
13　連結配当規制適用の有無	○	×	×	×
14　その他	○	○	○	○

【凡例】○…記載要、×…記載不要

(1) 継続企業の前提に関する注記

　決算日において、債務超過等の財務指標の悪化、重要な債務の不履行等財政破綻の可能性等により会社が将来にわたって事業を継続するとの前提に重要な疑義を生じさせるような事象又は状況が存在する場合であって、当該事象又は状況を解消し、又は改善をするための対応をしてもなお継続企業の前提に関する重要な不確実性が認められるときは、次の事項を注記する。

① 当該事象又は状況が存在する旨及びその内容
② 当該事象又は状況を解消し、又は改善をするための対応策
③ 当該重要な不確実性が認められる旨及びその理由
④ 計算書類は継続企業を前提として作成されており、当該重要な不確実性の影響を計算書類に反映していない旨

　この注記は計算書類を作成するうえでの前提となるもので会計監査と不可分であることから会計監査人設置会社のみに注記を求められ、会計監査人非設置会社は注記を要しない。

(2) 重要な会計方針に係る事項に関する注記

　会計方針とは企業が計算書類の作成にあたり、その財政状態及び経営成績を正しく示すために採用した会計処理の原則、手続並びに表示の方法であり、省令様式の注2では次の事項について記載を求めている。
　なお、会社計算規則では「会計方針の変更」の記載も求めている。
① 資産の評価基準及び評価方法
② 固定資産の減価償却の方法
③ 引当金の計上基準
④ 収益及び費用の計上基準
⑤ 消費税及び地方消費税に相当する額の会計処理の方法
⑥ その他、貸借対照表、損益計算書、株主資本等変動計算書、注記表作成のための基本となる重要な事項

　上記のうち⑤「消費税及び地方消費税に相当する額の会計処理の方法」は会社計算規則では「その他」に含まれる事項であるが建設業では重要性があるとして独立項目としている。

　なお、代替的な会計基準が認められていない場合及び重要性の乏しい会計

方針については、記載を省略できる。

① 資産の評価基準及び評価方法

資産の評価基準としては、会社計算規則第5条により、原価法が原則とされている。

したがって、たな卸資産について棚卸資産会計基準により収益性の低下による簿価切下げの方法により貸借対照表価額を算定している場合、有価証券について時価を付した場合や償却原価法を適用した場合にはその旨の注記が必要である。

一方、資産の評価方法として、たな卸資産については、先入先出法、総平均法、移動平均法、個別法等があり、有価証券については、移動平均法、総平均法がある。

いずれも選択適用が認められているので注記が必要である。

なお、その他有価証券の時価評価を行った際の時価の算定方法（期末日の市場価格に基づいて算定された価額等）及び評価差額の取扱い（全部純資産直入法又は部分純資産直入法）も評価方法となるので注記が必要になる。

② 固定資産の減価償却の方法

有形固定資産の償却方法については、定率法、定額法など採用している減価償却の方法を記載する。

また無形固定資産については、鉱業権、のれん等を除き、原則として定額法である。

なお有形固定資産について、減価償却累計額を控除した残額のみを記載する方法を採用している場合は、減価償却累計額の注記も必要である。

③　引当金の計上基準

　　建設業においては貸倒引当金、完成工事補償引当金、工事損失引当金、退職給付引当金等の引当金があるが、このうち金額的に重要な引当金について、その計上理由、計算の基礎等を記載する。

④　収益及び費用の計上基準

　　工事収益の計上基準は、従来は工事完成基準と工事進行基準の選択適用ができたが、工事契約会計基準により選択適用はできず、代替的な処理が認められないため、注記を省略することができると考えられるが、工事収益の計上基準は、建設業特有の基準であることから、完成工事高及び完成工事原価の認識基準、工事進捗度の見積り方法について記載する。

　　一般的には、収益及び費用の計上基準については、代替的な処理が認められていないため、注記することはほとんどない。

⑤　消費税及び地方消費税に相当する額の会計処理の方法

　　建設業において、消費税及び地方消費税に相当する額の会計処理の方法は重要性があることから、税抜方式又は税込方式のいずれの方式を採用しているのかを記載する。

⑥　その他、貸借対照表、損益計算書、株主資本等変動計算書、注記表作成のための基本となる重要な事項

　　繰延資産の処理方法、外貨建の資産及び負債の本邦通貨への換算基準、リース取引の処理方法、ヘッジ会計の方法等で重要性がある場合には記載する。

　　外貨建の資産及び負債の本邦通貨への換算基準については、「外貨建取引等会計処理基準」によっている場合は、注記を要しない。

⑦　会計方針の変更

　なお、省令様式では求められていないが、会社計算規則では「会計方針の変更」についても記載を求めており、会計方針を変更した場合には、次の事項を注記する。ただし、重要性が乏しい場合は注記を要しない。

- 会計処理の原則又は手続を変更したときは、その旨、変更の理由及び当該変更が計算書類に与えている影響の内容
- 表示方法を変更したときは、その内容

会計方針の変更の注記は、①から⑥の会計方針の注記に記載のある事項については、これに併せて記載し、記載のない事項については、「会計方針の変更」の項目を設けて記載する。

(3) 貸借対照表に関する注記

貸借対照表に関する注記は省令様式の注3で次の事項について記載を求めている。

① 担保に供している資産及び担保付債務

　資産が借入金等の担保に供されているときは、次の事項を注記する。
- 担保に供している資産の内容及び金額
- 担保に係る債務の金額

② 保証債務、手形遡及債務、重要な係争事件に係る損害賠償義務等の内容及び金額

　保証債務、手形遡及債務、重要な係争に係る損害賠償義務その他これらに準ずる債務（負債の部に計上したものを除く。）があるときは、当該債務の内容及び金額を種類別に総額を記載する。

③ 関係会社に対する短期金銭債権及び長期金銭債権並びに短期金銭債務及び長期金銭債務

関係会社に対する金銭債権又は金銭債務の合計（総額）を短期、長期別に区分して記載する。なお、関係会社別の記載を要しない。

④ 取締役、監査役及び執行役との間の取引による取締役、監査役及び執行役に対する金銭債権又は金銭債務

取締役、監査役及び執行役との間の取引による取締役、監査役及び執行役に対する金銭債権又は金銭債務があるときは、その総額を記載する。なお、取締役、監査役及び執行役別の記載を要しない。

⑤ 親会社株式の各表示区分別の金額

流動資産の「有価証券」又は「その他」もしくは投資その他の資産の「関係会社株式・関係会社出資金」に含まれる「親会社株式」の金額について記載する。ただし、貸借対照表に区分掲記している場合には、記載を要しない。

⑥ 工事損失引当金に対応する未成工事支出金の金額

同一の工事契約に関する未成工事支出金と工事損失引当金を両建て表示している場合は、その旨、及び未成工事支出金のうち工事損失引当金に対応する金額、また、未成工事支出金と工事損失引当金を相殺表示している場合は、その旨、相殺表示した未成工事支出金の金額を記載する。

なお、省令様式では求められていないが、会社計算規則第103条では、上記以外に次の事項についても注記を求めている。
- 資産に係る引当金を直接控除した場合における各資産項目別の引当金の金額
- 資産に係る減価償却累計額を直接控除した場合における減価償却累計

額
- 資産に係る減損損失累計額を減価償却累計額に合算して減価償却累計額の科目をもって表示した場合にあっては、減価償却累計額に減損損失累計額が含まれている旨

　建設業法上作成する注記表においては、上記の表示方法は省令様式で認められていないため、注記することはないが、会社法計算書類において、貸借対照表で上記の表示方法を選択した場合には注記が必要となる。

(4) 損益計算書に関する注記

　損益計算書に関する注記は省令様式の注4で次の事項について記載を求めている。

① 工事進行基準による完成工事高

　会社計算規則では求められていないが、省令様式において注記が求められている事項である。完成工事高のうち工事進行基準による計上額を記載する。

② 売上高のうち関係会社に対する部分

　関係会社との営業取引による売上高を完成工事高と兼業事業売上高に区分せず総額で記載する。なお、関係会社別の金額の記載は要しない。

③ 売上原価のうち関係会社からの仕入高

　関係会社との営業取引による仕入高を完成工事原価と兼業事業売上原価に区分せず総額で記載する。なお、関係会社別の金額の記載は要しない。

④ 売上原価のうち工事損失引当金繰入額

　会社計算規則では求められていないが、省令様式において注記が求められている事項である。

　売上原価に工事損失引当金繰入額が含まれている場合は、その金額を

記載する。
⑤ 関係会社との営業取引以外の取引高
受取利息、支払利息、固定資産及び有価証券等の資産譲渡高又は資産購入高、その他重要な取引高（不動産賃借料等）を記載する。
⑥ 研究開発費の総額（会計監査人設置会社に限る。）
会社計算規則では求められていないが、省令様式において会計監査人設置会社のみに注記が求められている事項で、財務諸表等規則第86条（研究開発費の注記）の金額を記載する。
なお、会計監査人を設置していない会社は記載を要しない。

(5) 株主資本等変動計算書に関する注記

株主資本等変動計算書に関する注記は省令様式の注5で次の事項について記載を求めている。

① 事業年度の末日における発行済株式の種類及び数
種類株式発行会社にあっては、種類ごとの発行済株式の数を記載する。
② 事業年度の末日における自己株式の種類及び数
種類株式発行会社にあっては、種類ごとの自己株式の数を記載する。
③ 剰余金の配当
配当を実施した回毎に、決議機関、配当総額、1株当たりの配当額、基準日及び効力発生日を記載する。
④ 事業年度末において発行している新株予約権の目的となる株式の種類及び数
事業年度末日において、当該株式会社が発行している新株予約権の目的となる当該株式会社の株式の数（種類株式発行会社にあっては、種類及び種類ごとの数）を記載する。

(6) 税効果会計に関する注記

重要な繰延税金資産及び繰延税金負債の発生の主な原因を定性的に記載する。

例えば、評価性引当金、減価償却費超過額、繰越欠損金、圧縮積立金等の発生原因の記載でよく、金額までの記載は要しない。

(7) リースにより使用する固定資産に関する注記

ファイナンスリース取引について、通常の売買取引に係る方法に準じて会計処理を行っていない場合に、リース取引により使用する重要な固定資産について、その資産の内容を定性的に記載する。

従来、所有権移転外ファイナンス・リース取引については通常の賃貸取引に準じた例外処理が認められ、その場合には注記が必要とされていたが、改正後のリース取引会計基準により例外処理が認められなくなった。

ただし、平成20年3月31日以前に締結したリース取引については経過的に例外処理を認め、その場合には使用する固定資産の内容を記載する。

なお、会社計算規則第108条では次の事項を含めることを妨げないとしている。

① 当該事業年度の末日における取得原価相当額
② 当該事業年度の末日における減価償却累計額相当額
③ 当該事業年度の末日における未経過リース料相当額
④ その他、当該リース物件に係る重要な事項

重要な事項としては、「当該事業年度に係る支払リース料」、「減価償却費相当額」、「支払利息相当額」、「減損損失」等がある。

(8) 金融商品に関する注記

金融商品に関する注記は、省令様式の注8で次の事項について記載を求めている。

ただし、重要性の乏しいものについては記載を要しない。

なお、具体的な記載内容は示されていないため「金融商品の時価等の開示に関する適用指針」を参考として記載する。

① 金融商品の状況に関する事項（定性的情報）
- 金融商品に対する取組方針
- 金融商品の内容及びリスク
- 金融商品に係るリスク管理体制
- 金融商品の時価等に係る事項についての補足説明

② 金融商品の時価等に関する事項（定量的情報）
- 貸借対照日における貸借対照表計上額、時価、及び差額
- 当該時価の算定方法

(9) 賃貸等不動産に関する注記

賃貸等不動産に関する注記は省令様式の注9で次の事項について記載を求めている。

ただし、賃貸等不動産の総額に重要性の乏しい場合には記載を要しない。

なお、具体的な記載内容は示されていないため「賃貸等不動産の時価等の開示に関する会計基準の適用指針」を参考として記載する。

① 賃貸等不動産の状況に関する事項（定性的情報）
- 賃貸等不動産の概要

② 賃貸等不動産の時価に関する事項（定量的情報）
- 貸借対照表計上額及び期中における主な変動
- 当期末における時価及びその算定方法
- 賃貸等不動産に関する損益

(10) 関連当事者との取引に関する注記

　関連当事者との取引に関する注記は会社計算規則第112条第4項に定める関連当事者との間に重要な取引がある場合に記載する。

　なお、省令様式の注10において記載様式を定めており、省令様式では、関連当事者の範囲について会社計算規則に委ねており、会社計算規則第112条第4項に定める関連当事者との取引について、省令様式で定める体裁に従って記載する。

① 関連当事者の範囲

　会社計算規則第112条第4項において、関連当事者とは下記の者をいう。

- i 親会社
- ii 子会社
- iii 親会社の子会社（兄弟会社）
- iv その他の関係会社（当該株式会社が他の会社の関連会社である場合における当該他の会社をいう。）並びに当該その他の関係会社の親会社及び子会社
- v 関連会社及び当該関連会社の子会社
- vi 主要株主（当該株式会社の10％以上の議決権を保有している株主をいう。）及びその近親者（2親等内の親族をいう。以下同じ）
- vii 役員（取締役、会計参与、監査役又は執行役）及びその近親者
- viii 親会社の役員又はこれらに準ずる者及び近親者
- ix 上記viからviiiに掲げる者が他の会社等、組合、その他これらに準ずる事業体をいう。（以下、「会社等」）の議決権の過半数を自己の計算において所有している場合における当該会社等及び当該会社等の子会社
- x 従業員のための企業年金

② 注記事項

省令様式は、表形式で記載内容を定めているが、この内容は、会社計算規則第112条第1項に定める内容と同一となっている。

取引の内容

属性	会社等の名称又は氏名	議決権の所有（被所有）割合	関係内容	科目	期末残高（千円）

但し、会計監査人を設置している会社は以下の様式により記載する。
(1) 取引の内容

属性	会社等の名称又は氏名	議決権の所有（被所有）割合	関係内容	取引の内容	取引金額	科目	期末残高（千円）

(2) 取引条件及び取引条件の決定方針
(3) 取引条件の変更の内容及び変更が貸借対照表、損益計算書に与える影響の内容

③ 注記が省略できる取引

関連当事者との間の取引のうち下記の取引については、注記を省略することができる。

- 一般競争入札による取引、預金利息及び配当金の受取りなど、取引条件が一般の取引と同様であることが明白な取引
- 役員に対する報酬等の給付
- 取引条件につき、市場価格など当該取引に係る公正な価格を勘案して一般の取引の条件と同様のものを決定していることが明白な場合の取引

(11) 1株当たり情報に関する注記

1株当たり情報に関する注記は省令様式の注11で次の事項の記載を求めている。

① 1株当たり純資産額
　1株当たり純資産額の算定方法は、貸借対照表の純資産の部の合計額から新株予約権等控除する金額を差し引きした金額を、期末の普通株式の発行済株式数から期末の普通株式の自己株式数を控除した株式数で割って計算する。

② 1株当たり当期純利益（又は当期純損失）
　1株当たり当期純利益（又は当期純損失）の算定方法は、普通株式に係る当期純利益（又は当期純損失）の金額を、期中平均発行済株式数から期中平均自己株式数を控除した株式数で割って計算する。

(12) 重要な後発事象に関する注記
　重要な後発事象に関する注記は事業年度の末日後、翌事業年度以降の財産又は損益に重要な影響を及ぼす事象が発生した場合における当該事象を記載する。

　「後発事象に関する監査上の取扱い」によれば、後発事象は次の2つに分類されるが、本注記で求められているのは②。の開示後発事象である。

① 修正後発事象（計算書類を修正すべき後発事象）
　発生した事象の実質的な原因が決算日現在において既に存在しているため計算書類の修正を行う必要のある事象であり、例えば次のような事象がある。
- 重要な係争事件の発生又は解決
- 主要な取引先の倒産

② 開示後発事象（注記すべき後発事象）
　発生した事象が翌事業年度以降の計算書類に影響を及ぼすため計算書

類に注記を行う必要がある事象であり、例えば次のような事象がある。
- 火災、出水等による重大な損害の発生
- 多額の増資又は減資及び多額の社債の発行又は繰上償還
- 会社の合併、重要な営業の譲渡又は譲受

(13) 連結配当規制適用会社に関する注記

　連結配当規制適用会社に関する注記は、当該事業年度の末日が最終事業年度の末日となる時後、連結配当規制適用会社となる旨を記載する。

　連結配当規制とは、連結計算書類を作成する会計監査人設置会社において、分配可能額の算定上、会社計算規則第158条第4号により分配可能額から減ずる額を控除するもので、この適用を受ける場合にはその旨の注記が必要となる。

(14) その他の注記

　その他の注記は、省令様式の注1から注13までに掲げた事項のほか、貸借対照表等、損益計算書等及び株主資本等変動計算書等により会社の財産又は損益の状態を正確に判断するために必要な事項を記載する。
　この注記は、財務諸表等規則における「追加情報の注記」とほぼ同じ内容のものである。

3. 会社法注記表

　会社法計算書類の注記表は、一括して記載する方法、脚注形式で記載する方法のいずれでもよいとされているが、省令様式が一括して記載する方法を採用しており、また、記載項目に貸借対照表と損益計算書の両方にまたがるものがあるため、一括して記載することが一般的である。

次の注記表は「建設業会計提要」に記載されている、経団連ひな型を基にした、連結計算書類を作成しない会計監査人設置会社の記載例である。

個別注記表
1．継続企業の前提
　　当社は、……。
2．重要な会計方針
　(1) 資産の評価基準及び評価方法
　　① 有価証券
　　　満期保有目的の債券　　　　償却原価法（定額法）
　　　子会社株式及び関連会社株式　移動平均法による原価法
　　　その他有価証券
　　　　時価のあるもの　　決算日の市場価格等に基づく時価法（評価差額は全部純資産直入法により処理し、売却原価は移動平均法により算定）
　　　　時価のないもの　　移動平均法による原価法
　　② たな卸資産
　　　未成工事支出金　　個別法による原価法
　　　材料貯蔵品　　　　移動平均法による原価法（貸借対照表価額は収益性の低下による簿価切下げの方法により算定）
　(2) 固定資産の減価償却の方法
　　① 有形固定資産（リース資産を除く）　定率法（ただし、平成10年4月1日以降に取得した建物（附属設備を除く）は定額法）を採用している。
　　　　なお、耐用年数及び残存価額については、法人税法に規定する方法と同一の基準によっ

② リース資産　　所有権移転ファイナンス・リース取引に係るリース資産
　　　　　　　　　　　自己所有の固定資産に適用する減価償却方法と同一の方法を採用している。
　　　　　　　　　所有権移転外ファイナンス・リース取引に係るリース資産
　　　　　　　　　　　リース期間を耐用年数とし、残存価額を零とする定額法を採用している。
　　　　　　　　　　　なお、所有権移転外ファイナンス・リース取引のうち、リース取引開始日が平成20年3月31日以前のリース取引については、通常の賃貸借取引に係る方法に準じた会計処理によっている。

(3) 引当金の計上基準
　　① 貸倒引当金　　売上債権、貸付金等の貸倒による損失に備えるため、一般債権については貸倒実績率により、貸倒懸念債権等特定の債権については個別に回収可能性を検討し、回収不能見込額を計上している。
　　② 完成工事補償引当金　　完成工事に係るかし担保の費用に備えるため、当事業年度の完成工事高に対する将来の見積補償額に基づいて計上している。
　　③ 工事損失引当金　　受注工事に係る将来の損失に備えるため、当事業年度末手持工事のうち損失の発生が見込まれ、かつ、その金額を合理的に見積ることができる工事について、損失見込額

を計上している。
　　④　退職給付引当金　従業員の退職給付に備えるため、当事業年度末における退職給付債務及び年金資産の見込額に基づき計上している。
　　　　　　　　　　　　数理計算上の差異は、各事業年度の発生時における従業員の平均残存勤務期間以内の一定の年数(○年)による定額法により按分した額をそれぞれ発生の翌事業年度から費用処理している。
(4)　完成工事高及び完成工事原価の計上基準
　　当事業年度末までの進捗部分について成果の確実性が認められる工事については工事進行基準(工事の進捗度の見積りは原価比例法)を、その他の工事については工事完成基準を適用している。
(5)　消費税及び地方消費税に相当する額の会計処理の方法
　　消費税及び地方消費税に相当する額の会計処理は、税抜方式によっている。
(6)　その他計算書類の作成のための基本となる重要な事項
　　‥‥‥‥
(7)　重要な会計方針の変更
　　①　○○○の評価基準及び評価方法の変更
　　　　‥‥‥‥
　　②　×××の表示方法の変更
　　　　‥‥‥‥
3．貸借対照表関係
(1)　担保に供している資産及び担保に係る債務
　　下記の資産は、長期借入金××百万円及び短期借入金××百万円(長期借入金からの振替分××百万円)の担保に供している。

	○○	××百万円
	○○	××百万円
	合計	××百万円

(2) 有形固定資産の減価償却累計額　　××百万円

(3) 保証債務

他の会社の金融機関等からの借入に対し、債務保証を行っている。

	○○○㈱	××百万円
	○○○㈱	××百万円
	合計	××百万円

(4) 関係会社に対する金銭債権及び金銭債務

　　短期金銭債権　　××百万円

　　長期金銭債権　　××百万円

　　短期金銭債務　　××百万円

　　長期金銭債務　　××百万円

(5) 取締役、監査役に対する金銭債権及び金銭債務

　　金銭債権　　××百万円

　　金銭債務　　××百万円

(6) 親会社株式

　　流動資産（有価証券）　　××百万円

(7) 工事損失引当金に対応する未成工事支出金の金額

　　損失の発生が見込まれる工事契約に係る未成工事支出金と工事損失引当金は、相殺せずに両建てで表示している。

　　損失の発生が見込まれる工事契約に係る未成工事支出金のうち、工事損失引当金に対応する額は××百万円である。

4．損益計算書関係

(1) 工事進行基準による完成工事高　　　　××百万円

(2) 売上高のうち関係会社に対する部分　　××百万円

(3) 売上原価のうち関係会社からの仕入高　××百万円

(4) 売上原価のうち工事損失引当金繰入額 ××百万円
(5) 関係会社との営業取引以外の取引高 ××百万円
(6) 研究開発費の総額 ××百万円

5．株主資本等変動計算書関係
(1) 当事業年度末における発行済株式の種類及び総数
　　普通株式　　　×，×××，×××株
(2) 当事業年度末における自己株式の種類及び総数
　　普通株式　　　×，×××株
(3) 配当に関する事項
　　① 当事業年度中の配当金支払額

決議	株式の種類	配当金の総額（百万円）	1株当たり配当額(円)	基準日	効力発生日
平成○年○月○日 定時株主総会	普通株式	××	×.××	平成○年○月○日	平成○年○月○日
平成○年○月○日 取締役会	普通株式	××	×.××	平成○年○月○日	平成○年○月○日
計	―	××	―	―	―

　　② 基準日が当事業年度に属する配当のうち、配当の効力発生日が翌事業年度となるもの
　　　平成○年○月○日開催の定時株主総会の議案として、普通株式の配当に関する事項を次のとおり提案している。
　　(ｲ) 配当金の総額　　××百万円
　　(ﾛ) 1株当たり配当額　××円
　　(ﾊ) 基準日　　　　　平成○年○月○日
　　(ﾆ) 効力発生日　　　平成○年○月○日
　　　なお、配当原資については、利益剰余金とすることを予定している。
(4) 当事業年度末日における新株予約権（権利行使期間の初日が到来していないものを除く。）の目的となる株式の種類及び数

　　　　普通株式　　　×,×××株
6．税効果会計
　　繰延税金資産の発生の主な原因は、減価償却限度超過額、退職給付引当金の否認等であり、繰延税金負債の発生の主な原因は、その他有価証券の時価評価差額である。
7．リースにより使用する固定資産
　　貸借対照表に計上した固定資産のほか、事務機器、建設用機械等の一部については所有権移転外ファイナンス・リース契約により使用している。
8．金融商品関係
(1)　金融商品の状況
　　　当社は、資金運用については短期的な預金等に限定し、銀行等金融機関からの借入により資金を調達している。
　　　受取手形及び完成工事未収入金に係る顧客の信用リスクは、与信管理規程に沿ってリスク管理を行っている。また、投資有価証券は主として株式であり、上場株式については定期的に時価の把握を行っている。
　　　借入金の使途は運転資金（主として短期）及び設備投資資金（長期）である。一部の長期借入金は変動金利であるが、金利変動による大きなリスクは無い。
(2)　金融商品の時価等
　　　平成○年○月○日（当事業年度の決算日）における貸借対照表計上額、時価及びこれらの差額については、次のとおりである。

（単位：百万円）

	貸借対照表計上額 （*）	時価 （*）	差額
①現金預金	××	××	－
②受取手形	××	××	－
③完成工事未収入金	××	××	△××

④投資有価証券			
満期保有目的の債券	××	××	××
その他有価証券	××	××	－
⑤支払手形	(××)	(××)	－
⑥工事未払金	(××)	(××)	－
⑦短期借入金	(××)	(××)	－
⑧長期借入金	(××)	(××)	××

（＊）負債に計上されているものについては、()で示している。
（注1）金融商品の時価の算定方法
　①現金預金、及び②受取手形
　　　これらは短期間で決済されるため、時価は帳簿価額にほぼ等しいことから、当該帳簿価額によっている。
　③完成工事未収入金
　　　完成工事未収入金の時価については、一定の期間ごとに区分した債権ごとに債権額を回収予定日までの期間及び信用リスクを加味した利率により割り引いた現在価値によっている。
　④投資有価証券
　　　投資有価証券の時価については、株式は取引所の価格によっており、債券は取引所の価格又は取引金融機関から提示された価格によっている。
　⑤支払手形、⑥工事未払金、及び⑦短期借入金
　　　これらは短期間で決済されるため、時価は帳簿価額にほぼ等しいことから、当該帳簿価額によっている。
　⑧長期借入金
　　　長期借入金の時価については、元利金の合計額を同様の新規借入を行った場合に想定される利率で割り引いて算定する方法によっている。
（注2）非上場株式（貸借対照表計上額××百万円）は、市場価格がなく、かつ将来キャッシュ・フローを見積ることなどができず、時価を把握することが極めて困難と認められるため「④投資有価証券　その他有価証券」には含めていない。

9．賃貸等不動産関係

(1) 賃貸等不動産の状況

　　当社は、東京都その他の地域において、賃貸用のオフィスビル（土地を含む。）を有している。

(2) 賃貸等不動産の時価

（単位：百万円）

貸借対照表計上額	時価
××	××

(注1) 貸借対照表計上額は、取得原価から減価償却累計額及び減損損失累計額を控除した金額である。
(注2) 当事業年度末の時価は、主として「不動産鑑定評価基準」に基づいて自社で算定した金額（指標等を用いて調整を行ったものを含む。）である。

10. 関連当事者との取引

(1) 親会社及び法人主要株主等

(単位：百万円)

種類	会社等の名称	議決権等の所有（被所有）割合	関連当事者との関係	取引の内容	取引金額	科目	期末残高
主要株主（会社等）	A社	被所有直接○％	A社製品の購入	材料の購入（注1）	××	工事未払金	××

(注1) 当社は、材料の購入については、A社以外からも複数の見積りを入手し、市場の実勢価格を勘案して発注先及び価格を決定している。
(注2) 取引金額には消費税等を含めておらず、期末残高には消費税等を含めている。

(2) 子会社及び関連会社等

(単位：百万円)

種類	会社等の名称	議決権等の所有（被所有）割合	関連当事者との関係	取引の内容	取引金額	科目	期末残高
子会社	B社	所有直接○％間接○％	資金の援助 役員の兼任	資金の貸付（注1）利息の受取（注1）	×× ××	長期貸付金 流動資産その他	×× ××

(注1) B社に対する資金の貸付については、市場金利を勘案して決定しており、返済条件は期間3年、半年賦返済としている。なお、担保は受入れていない。

(3) 兄弟会社等
　　略

(4) 役員及び個人主要株主等
　　略

11. 1株当たり情報

(1) 1株当たり純資産額　　　　　×××円××銭

(2) 1株当たり当期純利益　　　　××円××銭
12. 重要な後発事象
　　　……
13. その他
　　　……

4. 建設業法注記表

建設業を営む会社は、省令様式第17号の2により注記表を作成する。
　なお、経営状況分析申請書の添付書類について、会社法に規定する大会社であって有価証券報告書の提出会社は、注記表の添付は不要となった。

様式第十七号の二（第四条、第十条、第十九条の四関係）

　　　　　　　　　　注　記　表
　　　　　　　　自　平成　年　月　日
　　　　　　　　至　平成　年　月　日
　　　　　　　　　　　　　（会社名）

注

　1　継続企業の前提に重要な疑義を生じさせるような事象又は状況

　2　重要な会計方針
　　(1) 資産の評価基準及び評価方法
　　(2) 固定資産の減価償却の方法
　　(3) 引当金の計上基準

(4)　収益及び費用の計上基準
　(5)　消費税及び地方消費税に相当する額の会計処理の方法
　(6)　その他貸借対照表、損益計算書、株主資本等変動計算書、注記表作成のための基本となる重要な事項

3　貸借対照表関係
　(1)　担保に供している資産及び担保付債務
　　①　担保に供している資産の内容及びその金額
　　②　担保に係る債務の金額
　(2)　保証債務、手形遡及債務、重要な係争事件に係る損害賠償義務等の内容及び金額
　　　　受取手形割引高　　　　　　千円
　　　　裏書手形譲渡高　　　　　　千円
　(3)　関係会社に対する短期金銭債権及び長期金銭債権並びに短期金銭債務及び長期金銭債務
　(4)　取締役、監査役及び執行役との間の取引による取締役、監査役及び執行役に対する金銭債権及び金銭債務
　(5)　親会社株式の各表示区分別の金額
　(6)　工事損失引当金に対応する未成工事支出金の金額

4　損益計算書関係
　(1)　工事進行基準による完成工事高
　(2)　売上高のうち関係会社に対する部分
　(3)　売上原価のうち関係会社からの仕入高
　(4)　売上原価のうち工事損失引当金繰入額
　(5)　関係会社との営業取引以外の取引高
　(6)　研究開発費の総額（会計監査人を設置している会社に限る。）

5 株主資本等変動計算書関係
　(1) 事業年度末日における発行済株式の種類及び数
　(2) 事業年度末日における自己株式の種類及び数
　(3) 剰余金の配当
　(4) 事業年度末において発行している新株予約権の目的となる株式の種類及び数

6 税効果会計

7 リースにより使用する固定資産

8 金融商品関係
　(1) 金融商品の状況
　(2) 金融商品の時価等

9 賃貸等不動産関係
　(1) 賃貸等不動産の状況
　(2) 賃貸等不動産の時価

10 関連当事者との取引
　取引の内容

属性	会社等の名称又は氏名	議決権の所有（被所有）割合	関係内容	科目	期末残高（千円）

　　但し、会計監査人を設置している会社は以下の様式により記載する。

(1) 取引の内容

属性	会社等の名称又は氏名	議決権の所有（被所有）割合	関係内容	取引の内容	取引金額	科目	期末残高（千円）

(2) 取引条件及び取引条件の決定方針
(3) 取引条件の変更の内容及び変更が貸借対照表、損益計算書に与える影響の内容

11 一株当たり情報
　(1) 一株当たりの純資産額
　(2) 一株当たりの当期純利益又は当期純損失

12 重要な後発事象

13 連結配当規制適用の有無

14 その他

記載要領
1 記載を要する注記は、以下の通りとする。

	株式会社			持分会社
	会計監査人設置会社	会計監査人なし		
		公開会社	株式譲渡制限会社	
1 継続企業の前提に重要な疑義を生じさせるような事象又は状況	○	×	×	×
2 重要な会計方針	○	○	○	○
3 貸借対照表関係	○	○	×	×
4 損益計算書関係	○	○	×	×
5 株主資本等変動計算書関係	○	○	○	×
6 税効果会計	○	○	×	×
7 リースにより使用する固定資産	○	○	×	×
8 金融商品関係	○	○	×	×
9 賃貸等不動産関係	○	○	×	×
10 関連当事者との取引	○	○	×	×
11 一株当たり情報	○	○	×	×
12 重要な後発事象	○	○	×	×
13 連結配当規制適用の有無	○	×	×	×
14 その他	○	○	○	○

【凡例】○…記載要、×…記載不要

2 注記事項は、貸借対照表、損益計算書、株主資本等変動計算書の適当な場所に記載することができる。この場合、注記表の当該部分への記載は要しない。
3 記載すべき金額は、注9を除き千円単位をもって表示すること。
　ただし、会社法（平成17年法律第86号）第2条第6号に規定する大会社にあっては、百万円単位をもって表示することができる。この場合、「千円」とあるのは「百万円」として記載すること。
4 注に掲げる事項で該当事項がない場合においては、「該当なし」と記載すること。
5 貸借対照表、損益計算書、株主資本等変動計算書の特定の項目に関連する注記については、その関連を明らかにして記載する。
6 注に掲げる事項の記載にあたっては、以下の要領に従って記載する。
　注1　事業年度の末日において、当該会社が将来にわたって事業を継続するとの前提に重要

な疑義を生じさせるような事象又は状況が存在する場合であって、当該事象又は状況を解消し、又は改善するための対応をしてもなおその前提に関する重要な不確実性が認められるとき（当該事業年度の末日後に当該重要な不確実性が認められなくなった場合を除く。）は、次に掲げる事項を記載する。
① 当該事象又は状況が存在する旨及びその内容
② 当該事象又は状況を解消し、又は改善するための対応策
③ 当該重要な不確実性が認められる旨及びその理由
④ 当該重要な不確実性の影響を貸借対照表、損益計算書、株主資本等変動計算書及び注記表に反映しているか否かの別

注2　会計処理の原則又は手続を変更したときは、その旨、変更の理由及び当該変更が貸借対照表、損益計算書、株主資本等変動計算書及び注記表に与えている影響の内容を、表示方法を変更したときは、その内容を追加して記載する。重要性の乏しい変更は、記載を要しない。

(4) 完成工事高及び完成工事原価の認識基準、決算日における工事進捗度を見積もるために用いた方法その他の収益及び費用の計上基準について記載する。
(5) 税抜方式及び税込方式のうち貸借対照表及び損益計算書の作成に当たって採用したものを記載する。ただし、経営状況分析申請書又は経営規模等評価申請書に添付する場合には、税抜方式を採用すること。

注3
(1) 担保に供している資産及び担保に係る債務は、勘定科目別に記載する。
(2) 保証債務、手形遡及債務、損害賠償義務等（負債の部に計上したものを除く。）の種類別に総額を記載する。
(3) 総額を記載するものとし、関係会社別の金額は記載することを要しない。
(4) 総額を記載するものとし、取締役、執行役、会計参与又は監査役別の金額は記載することを要しない。
(5) 貸借対照表に区分掲記している場合は、記載を要しない。
(6) 同一の工事契約に関する未成工事支出金と工事損失引当金を相殺せずに両建てで表示したときは、その旨及び当該未成工事支出金の金額のうち工事損失引当金に対応する金額を、未成工事支出金と工事損失引当金を相殺して表示したときは、その旨及び相殺表示した未成工事支出金の金額を記載する。

注4
(1) 工事進行基準を採用していない場合は、記載を要しない。
(2) 総額を記載するものとし、関係会社別の金額は記載することを要しない。
(3) 総額を記載するものとし、関係会社別の金額は記載することを要しない。
(5) 総額を記載するものとし、関係会社別の金額は記載することを要しない。

注5
(3) 事業年度中に行った剰余金の配当（事業年度末日後に行う剰余金の配当のうち、剰余金の配当を受ける者を定めるための会社法第124条第1項に規定する基準日が事業年度中のものを含む。）について、配当を実施した回ごとに、決議機関、配当総額、一株当たりの配当額、基準日及び効力発生日について記載する。

注6　繰延税金資産及び繰延税金負債の発生原因を定性的に記載する。
注7　ファイナンス・リース取引（リース取引のうち、リース契約に基づく期間の中途にお

いて当該リース契約を解除することができないもの又はこれに準ずるもので、リース物件（当該リース契約により使用する物件をいう。）の借主が、当該リース物件からもたらされる経済的利益を実質的に享受することができ、かつ、当該リース物件の使用に伴って生じる費用等を実質的に負担することとなるものをいう。）の借主である株式会社が当該ファイナンス・リース取引について通常の売買取引に係る方法に準じて会計処理を行っていない重要な固定資産について、定性的に記載する。

　　「重要な固定資産」とは、リース資産全体に重要性があり、かつ、リース資産の中に基幹設備が含まれている場合の当該基幹設備をいう。リース資産全体の重要性の判断基準は、当期支払リース料の当期支払リース料と当期減価償却費との合計に対する割合についておおむね1割程度とする。

　　ただし、資産の部に計上するものは、この限りでない。
注8　重要性の乏しいものについては記載することを要しない。
注9　賃貸等不動産の総額に重要性が乏しい場合は、記載を要しない。
注10　「関連当事者」とは、会社計算規則（平成18年法務省令第13号）第112条第4項に定める者をいい、記載にあたっては、関連当事者ごとに記載する。関連当事者との取引には、会社と第三者との間の取引で当該会社と関連当事者との間の利益が相反するものを含む。ただし、重要性の乏しい取引及び関連当事者との取引のうち以下の取引については記載を要しない。
　　① 　一般競争入札による取引並びに預金利息及び配当金の受取りその他取引の性質からみて取引条件が一般の取引と同様であることが明白な取引
　　② 　取締役、執行役、会計参与又は監査役に対する報酬等の給付
　　③ 　その他、当該取引に係る条件につき市場価格その他当該取引に係る公正な価格を勘案して一般の取引の条件と同様のものを決定していることが明白な取引
注13　会計計算規則第158条第4号に規定する配当規制を適用する場合に、その旨を記載する。
注14　注1から注13に掲げた事項のほか、貸借対照表、損益計算書及び株主資本等変動計算書により会社の財産又は損益の状態を正確に判断するために必要な事項を記載する。

⑥ 附属明細書

> **Point** 附属明細書は、計算書類及び事業報告の内容を補足する。

　附属明細書の記載事項等は会社計算規則及び省令様式により規定されている。

1. 会社法附属明細書

　附属明細書とは計算書類及び事業報告の項目のうち、その内容を補足して表示するためのものであり、会社法は「計算書類の附属明細書」と「事業報告の附属明細書」を作成することを規定している（会社法第435条第2項）。
　なお、事業報告の附属明細書は「⑦　事業報告」を参照。

　計算書類の附属明細書には貸借対照表、損益計算書、株主資本等変動計算書及び個別注記表の内容を補足する重要な事項として次の事項を記載する（計規第117条）。
(1)　有形固定資産及び無形固定資産の明細
(2)　引当金の明細
(3)　販売費及び一般管理費の明細
(4)　その他の重要な事項

　会社法は附属明細書に記載すべき事項については定めているが、その具体的な様式は定めていない。

次の附属明細書は、日本公認会計士協会が公表している計算書類に係る附属明細書のひな型である。

〔参　考〕　計算書類に係る附属明細書のひな型

> 平成15年11月5日制定
> 平成18年6月15日改正
> 日本公認会計士協会
> 会計制度委員会研究報告第9号

Ⅰ　はじめに
1. 計算書類に係る附属明細書（以下「附属明細書」という。）は、会社法第435条第2項で株式会社においてその作成が求められるとともに、会社計算規則第145条（注）で株式会社の貸借対照表、損益計算書、株主資本等変動計算書及び個別注記表の内容を補足する重要な事項を表示することが求められているものである。
　　会社法及び会社計算規則では具体的な作成方法は示されていないため、その作成に当たっては、株式会社の自主的判断を加えて、株主等に正確で、かつ、分かりやすい情報となるよう留意しなければならない。
　　本研究報告は、上記の趣旨を踏まえて会社計算規則で定められている附属明細書のひな型の一例を示し、実務の参考に資するものである。
2. 本ひな型は、株式会社のうち一般の事業会社に係る附属明細書の作成方法を示したものであるため、その他の業種に属する株式会社においては、本ひな型の趣旨に即して、作成方法に適宜工夫をこらす必要がある。
　　また、本ひな型は、会社法第436条第2項第1号の規定に基づく会計監査人の監査を受ける会計監査人設置会社を主として対象にしたものであり、このため会社計算規則第145条（注）第4号の記載事項についてのひな型は示していないが、その他の株式会社においても、該当する本ひな型を参考にされることが望ましい。

Ⅱ　一般的事項
1. 該当項目のないものは作成を要しない（「該当事項なし」と特に記載する必要はない。）。
2. 会社計算規則に規定されている附属明細書の記載項目は最小限度のものであるので、株式会社が、その他の情報について株主等にとり有用であると判断した場合には、項目を適宜追加して記載することが望ましい。
3. 金額の記載単位については、貸借対照表、損益計算書、株主資本等変動計算書及び個別注記表の金額の記載単位に合わせて記載するものとする（単位未満の端数の処理を含む。）。

第7章 建設業の財務諸表

Ⅲ ひな型

1. 有形固定資産及び無形固定資産の明細

(1) 帳簿価額による記載

区分	資産の種類	期首帳簿価額	当期増加額	当期減少額	当期償却額	期末帳簿価額	減価償却累計額	期末取得原価
有形固定資産			円	円	円	円	円	円	円
	計							
無形固定資産								
	計							

(2) 取得原価による記載

区分	資産の種類	期首残高	当期増加額	当期減少額	期末残高	期末減価償却累計額又は償却累計額	当期償却額	差引期末帳簿価額
有形固定資産			円	円	円	円	円	円	円
	計							
無形固定資産								
	計							

(記載上の注意)
1. (1)又は(2)のいずれかの様式により作成する。
2. (1)にあっては、「期首帳簿価額」、「当期増加額」、「当期減少額」及び「期末帳簿価額」の各欄は帳簿価額によって記載し、期末帳簿価額と減価償却累計額の合計額を「期末取得原価」の欄に記載する。
3. (2)にあっては、「期首残高」、「当期増加額」、「当期減少額」及び「期末残高」の各欄は取得原価によって記載し、期末残高から期末減価償却累計額又は償却累計額を控除した残高を「差引期末帳簿価額」の欄に記載する。
4. 有形固定資産若しくは無形固定資産の期末帳簿価額に重要性がない場合、又は有形固定資産若しくは無形固定資産の当期増加額及び当期減少額に重要性がない場合には、(1)における「期首帳簿価額」又は(2)における「期首残高」、「当期増加額」及び「当期減少額」の各欄の記載を省略した様式により作成することができる。この場合には、その旨を脚注する。
5. 「固定資産の減損に係る会計基準の設定に関する意見書」(平成14年8月9日企業会計審議会)に基づき減損損失を認識した場合には、次のように記載する。
　　貸借対照表上、直接控除形式(減損処理前の取得原価から減損損失を直接控除し、控除

後の金額をその後の取得原価とする形式）により表示しているときは、当期の減損損失を「当期減少額」の欄に内書（括弧書）として記載する。
　貸借対照表上、独立間接控除形式（減価償却を行う有形固定資産に対する減損損失累計額を取得原価から間接控除する形式）により表示しているときは、当期の減損損失は「当期償却額」の欄に内書（括弧書）として記載し、減損損失累計額については(1)における「期末帳簿価額」又は(2)における「期末残高」の欄の次に「減損損失累計額」の欄を設けて記載する。貸借対照表上、合算間接控除形式（減価償却を行う有形固定資産に対する減損損失累計額を取得原価から間接控除し、減損損失累計額を減価償却累計額に合算して表示する形式）を採用しているときは、当期の減損損失は「当期償却額」の欄に内書（括弧書）として記載し、減損損失累計額については(1)における「減価償却累計額」又は(2)における「期末減価償却累計額又は償却累計額」の欄に減損損失累計額を含めて記載する。この場合には、いずれの場合も減損損失累計額が含まれている旨を脚注する。
6. 合併、会社分割、事業の譲受け又は譲渡、贈与、災害による廃棄、滅失等の特殊な理由による重要な増減があった場合には、その理由並びに設備等の具体的な内容及び金額を脚注する。
7. 上記6.以外の重要な増減については、その設備等の具体的な内容及び金額を脚注する。
8. 投資その他の資産に減価償却資産が含まれている場合には、当該資産についても記載することが望ましい。この場合には、表題を「有形固定資産及び無形固定資産（投資その他の資産に計上された償却費の生ずるものを含む。）の明細」等に適宜変更する。

2. 引当金の明細

区　分	期首残高	当期増加額	当期減少額		期末残高
			目的使用	その他	
	円	円	円	円	円

（記載上の注意）
1. 期首又は期末のいずれかに残高がある場合にのみ作成する。
2. 当期増加額と当期減少額は相殺せずに、それぞれ総額で記載する。
3. 「当期減少額」の欄のうち、「その他」の欄には、目的使用以外の理由による減少額を記載し、その理由を脚注する。
4. 退職給付引当金について、退職給付に関する注記（財務諸表等の用語、様式及び作成方法に関する規則（以下「財務諸表等規則」という）第8条の13に規定された注記事項に準ずる注記）を個別注記表に記載しているときは、附属明細書にその旨を記載し、記載を省略することができる。

3. 販売費及び一般管理費の明細

科　　目	金　　額	摘　　要
	円	

	計		

(記載上の注意)
　おおむね販売費、一般管理費の順に、その内容を示す適当な科目で記載する。

4. その他の重要な事項
　附属明細書に、上記のほか、貸借対照表、損益計算書、株主資本等変動計算書及び個別注記表の内容を補足する重要な事項を記載する場合、ひな型として一定の様式を示すことはできないため、記載様式は本ひな型との整合性を考慮に入れて適宜工夫する。

以上

(注) 平成21年12月改正の会社計算規則では第117条に変更されている。

2. 建設業法附属明細表

　建設業を営む小会社（資本金の額が1億円以下であり、かつ、最終事業年度に係る貸借対照表の負債の部に計上した額の合計額が200億円以上でない株式会社）を除く株式会社は、省令様式第17号の3により附属明細表を作成する。

　なお、有価証券報告書の提出会社は、「建設業許可事務ガイドライン」により、有価証券報告書の写しの提出をもって附属明細表の提出に代えることができる。

様式第十七号の三（第四条、第十条関係）

(用紙Ａ４)

附　属　明　細　表
平成　　年　　月　　日現在

1　完成工事未収入金の詳細

相手先別内訳

相　手　先	金　　額
	千円

滞留状況

発　生　時	完成工事未収入金
当 期 計 上 分	千円
前期以前計上分	
計	

計	

「記載要領」
(1) 別記様式第15号による貸借対照表(以下単に「貸借対照表」という。)の流動資産の完成工事未収入金について、その主な相手先及び相手先ごとの額を記載すること。
(2) 同一の相手先について契約口数が多数ある場合には、相手先別に一括して記載することができる。
(3) 滞留状況については、当期計上分(1年未満)及び前期以前計上分(1年以上)に分け、各々の合計額を記載すること。

2　短期貸付金明細表

相　手　先	金　　額
	千円
計	

「記載要領」
(1) 貸借対照表の流動資産の短期貸付金について、その主な相手先及び相手先ごとの額を記載すること。ただし、当該科目の額が資産総額の100分の1以下である時は記載を省略することができる。
(2) 同一の相手先について契約口数が多数ある場合には、相手先別に一括して記載することができる。
(3) 関係会社に対するものはまとめて記載することができる。

3　長期貸付金明細表

相　手　先	金　　額
	千円
計	

「記載要領」
(1) 貸借対照表の固定資産の長期貸付金について、その主な相手先及び相手先ごとの額を記載すること。ただし、当該科目の額が資産総額の100分の1以下である時は記載を省略することができる。
(2) 同一の相手先について契約口数が多数ある場合には、相手先別に一括して記載することができる。
(3) 関係会社に対するものはまとめて記載することができる。

4 関係会社貸付金明細表

関係会社名	期首残高	当期増加額	当期減少額	期末残高	摘　要
	千円	千円	千円	千円	
計					―

「記載要領」
(1) 貸借対照表の短期貸付金、長期貸付金その他資産に含まれる関係会社貸付金について、その関係会社名及び関係会社ごとの額を記載すること。ただし、当該科目の額が資産総額の100分の1以下である時は記載を省略することができる。
(2) 関係会社貸付金は貸借対照表の勘定科目ごとに区別して記載し、親会社、子会社、関連会社及びその他の関係会社について各々の合計額を記載すること。
(3) 摘要の欄には、貸付の条件（返済期限（分割返済条件のある場合にはその条件）及び担保物件の種類）について記載すること。重要な貸付金で無利息又は特別の条件による利率が約定されているものについては、その旨及び当該利率について記載すること。
(4) 同一の関係会社について契約口数が多数ある場合には、関係会社別に一括し、担保及び返済期限について要約して記載することができる。

5 関係会社有価証券明細表

株式	銘柄	一株の金額	期首残高 株式数	期首残高 取得価額	期首残高 貸借対照表計上額	当期増加額 株式数	当期増加額 金額	当期減少額 株式数	当期減少額 金額	期末残高 株式数	期末残高 取得価額	期末残高 貸借対照表計上額	摘要
		円		千円	千円		千円		千円		千円	千円	
	計												

社債	銘柄	期首残高 取得価額	期首残高 貸借対照表計上額	当期増加額	当期減少額	期末残高 取得価額	期末残高 貸借対照表計上額	摘　要
		千円	千円	千円	千円	千円	千円	
	計							

その他の有価証券							
	計						

「記載要領」
(1) 貸借対照表の有価証券、流動資産の「その他」、投資有価証券、関係会社株式・関係会社出資金及び投資その他の資産の「その他」に含まれる関係会社有価証券について、その銘柄及び銘柄ごとの額を記載すること。ただし、当該科目の額が資産総額の100分の1以下である時は記載を省略することができる。
(2) 当該有価証券の発行会社について、附属明細表提出会社との関係（親会社、子会社等の関係）を摘要欄に記載すること。
(3) 社債の銘柄は、「何会社物上担保付社債」のように記載すること。なお、新株予約権が付与されている場合には、その旨を付記すること。
(4) 取得価額及び貸借対照表計上額については、その算定の基準とした評価基準及び評価方法を摘要欄に記載すること。ただし、評価基準及び評価方法が別記様式第17号の2による注記表（以下単に「注記表」という。）の2により記載されている場合には、その記載を省略することができる。
(5) 当期増加額及び当期減少額がともにない場合には、期首残高、当期増加額及び当期減少額の各欄を省略した様式に記載することができる。この場合には、その旨を摘要欄に記載すること。
(6) 一の関係会社の有価証券の総額と当該関係会社に対する債権の総額との合計額が附属明細表提出会社の資産の総額の100分の1を超える場合、一の関係会社に対する債務の総額が附属明細表提出会社の負債及び純資産の合計額の100分の1を超える場合又は一の関係会社に対する売上高が附属明細表提出会社の売上高の総額の100分の20を超える場合には、当該関係会社の発行済株式の総数に対する所有割合、社債の未償還残高その他当該関係会社との関係内容（例えば、役員の兼任、資金援助、営業上の取引、設備の賃貸借等の関係内容）を注記すること。
(7) 株式のうち、会社法第308条第1項の規定により議決権を有しないものについては、その旨を摘要欄に記載すること。

6 関係会社出資金明細表

関係会社名	期首残高	当期増加額	当期減少額	期末残高	摘　　要
	千円	千円	千円	千円	
計					

「記載要領」
(1) 貸借対照表の関係会社株式・関係会社出資金及び投資その他の資産の「その他」に含まれる関係会社出資金について、その関係会社名及び関係会社ごとの額を記載すること。ただし、当該科目の額が資産総額の100分の1以下である時は記載を省略することができる。
(2) 出資金額の重要なものについては、出資の条件（1口の出資金額、出資口数、譲渡制限等の諸条件）を摘要欄に記載すること。
(3) 本表に記載されている会社であって、第2の5の(6)に定められた会社と同一の条件のものがある場合には、当該関係会社に対してはこれに準じて注記すること。

7　短期借入金明細表

借　入　先	金　　額	返　済　期　日	摘　　要
	千円		
計			—

「記載要領」
(1) 貸借対照表の流動負債の短期借入金について、その借入先及び借入先ごとの額を記載すること。ただし、比較的借入額が少額なものについては、無利息又は特別な利率が約定されている場合を除き、まとめて記載することができる。
(2) 設備資金と運転資金に分けて記載すること。
(3) 摘要の欄には、資金使途、借入の条件（担保、無利息の場合にはその旨、特別の利率が約定されている場合には当該利率）等について記載すること。
(4) 同一の借入先について契約口数が多数ある場合には、借入先別に一括し、返済期限、資金使途及び借入の条件について要約して記載することができる。
(5) 関係会社からのものはまとめて記載することができる。

8　長期借入金明細表

借　入　先	期首残高	当期増加額	当期減少額	期末残高	摘　　要
	千円	千円	千円	千円	
計					—

「記載要領」
(1) 貸借対照表の固定負債の長期借入金及び契約期間が1年を超える借入金で最終の返済期限が1年内に到来するもの又は最終の返済期限が1年後に到来するもののうち1年内

の分割返済予定額で貸借対照表において流動負債として掲げられているものについて、その借入先及び借入先ごとの額を記載すること。ただし、比較的借入額が少額なものについては、無利息又は特別な利率が約定されているものを除き、まとめて記載することができる。
(2) 契約期間が1年を超える借入金で最終の返済期限が1年内に到来するもの又は最終の返済期限が1年後に到来するもののうち1年内の分割返済予定額で貸借対照表において流動負債として掲げられているものについては、当期減少額として記載せず、期末残高に含めて記載すること。この場合においては、期末残高欄に内書（括弧書）として記載し、その旨を注記すること。
(3) 摘要の欄には、借入金の使途及び借入の条件（返済期限（分割返済条件のある場合にはその条件）及び担保物件の種類）について記載すること。重要な借入金で無利息又は特別の条件による利率が約定されているものについては、その旨及び当該利率について記載すること。
(4) 同一の借入先について契約口数が多数ある場合には、借入先別に一括し、使途、担保及び返済期限について要約して記載することができる。この場合においては、借入先別に一括されたすべての借入金について当該貸借対照表日以後3年間における1年ごとの返済予定額を注記すること。
(5) 関係会社からのものはまとめて記載することができる。

9 関係会社借入金明細表

関係会社名	期首残高	当期増加額	当期減少額	期末残高	摘　　要
	千円	千円	千円	千円	
計					―

「記載要領」
(1) 貸借対照表の短期借入金、長期借入金その他負債に含まれる関係会社借入金について、その関係会社名及び関係会社ごとの額を記載すること。ただし、当該科目の額が資産総額の100分の1以下である時は記載を省略することができる。
(2) 関係会社借入金は貸借対照表の勘定科目ごとに区別して記載し、親会社、子会社、関連会社及びその他の関係会社について各々の合計額を記載すること。
(3) 短期借入金については、第2の7の(3)及び(4)に準じて記載し、長期借入金については、第2の8の(2)、(3)及び(4)に準じて記載すること。

10　保証債務明細表

相　手　先	金　　額
	千円
計	

「記載要領」
(1)　注記表の３の(2)の保証債務額について、その相手先及び相手先ごとの額を記載すること。
(2)　注記表の３の(2)において、相手先及び相手先ごとの額が記載されている時は記載を省略することができる。
(3)　同一の相手先について契約口数が多数ある場合には、相手先別に一括して記載することができる。

⑦ 事業報告

> **Point** 事業報告は、各事業年度の事業の状況等を報告し、その附属明細書でその内容を補足する。

　事業報告及び事業報告の附属明細書の記載事項等は会社法施行規則により規定されている。

1. 会社法事業報告

　会社法は、株式会社については各事業年度の事業報告及びその附属明細書の作成を義務づけている（会社法第435条第2項）。また、建設業法施行規則においても、事業報告の提出を義務づけている。
　この事業報告は、旧商法の営業報告書に相当するものであり、旧商法は営業報告書を計算書類に含めていたが、会社法では事業報告を計算書類に含めていない。
　事業報告では、旧商法の営業報告書に含まれていた会計に関する事項を削除し、コーポレートガバナンスや内部統制等の事項を追加している。
　このため、事業報告は会計監査人の監査対象から除外され監査役等の監査対象となった（会社法第436条第2項）。

2. 事業報告の記載事項

　事業報告の内容は会社法施行規則に規定されており、すべての株式会社が記載すべき内容のほか、会社の機関構成等により追加の記載が規定されている。それらの事項は次のとおりである。
(1) 　共通事項（施規第118条）
　　① 　当該株式会社の状況に関する重要な事項
　　② 　取締役の職務の執行が法令及び定款に適合することを確保するための体制その他株式会社の業務の適正を確保するために必要なものとして法務省令で定める体制（いわゆる内部統制システム）の整備についての決定又は決議があるときは、その決定又は決議の内容の概要
　　③ 　当該株式会社の財務及び事業の方針の決定を支配する者の在り方に関する基本方針を定めている場合は基本方針の概要等
(2) 　公開会社の特則（施規第119条～第123条）
　　① 　株式会社の現況に関する事項
　　② 　株式会社の会社役員に関する事項
　　③ 　株式会社の株式に関する事項
　　④ 　株式会社の新株予約権等に関する事項
(3) 　社外役員を設けた株式会社の特則（施規第124条）
(4) 　会計参与設置会社の特則（施規第125条）
(5) 　会計監査人設置会社の特則（施規第126条）

　連結計算書類を作成している場合には、上記のうち株式会社の現況に関する事項については連結ベースで記載することができる。
　その場合、連結計算書類の内容となっている事項は記載を省略できる（施規第120条第2項）。

3. 事業報告の附属明細書

　事業報告の附属明細書には、事業報告の内容を補足する重要な事項を記載する。

　なお、公開会社でない株式会社については、具体的記載事項は定められていないが、公開会社においては、次の事項（重要でないものを除く。）を記載しなければならない（施規第 128 条）。

(1)　他の会社の業務執行取締役、執行役、業務を執行する社員又は会社法第 598 条第 1 項の職務を行うべき者を兼ねる会社役員（会計参与を除く。）についての兼務の状況の明細（当該他の会社の事業が当該株式会社の事業と同一の部類のものであるときは、その旨を含む。）

　なお、事業報告の様式・記載例については、経団連のひな型、全国株懇連合会の事業報告モデル等を参照。

第8章 JV工事の会計

① JV とは

> **Point** JV は民法上の組合とされ、共同事業の権利、義務は構成員に帰属する。

　建設業における JV は建設業者が単独で工事を受注し、施工する場合と異なり、複数の建設業者が 1 つの建設工事を受注、施工することを目的として形成する事業組織体であり、建設工事共同企業体と呼ばれている。
　JV は民法上の組合とされ独立の法人格を有していないことから、共同事業の権利、義務はその構成員に帰属する。

　JV が共同事業を行う場合、構成員を代表する会社（スポンサー会社）が JV を代表して取引を行う。
　スポンサー会社は JV を代表して、発注者に対して請負金額を請求し、入金した場合は出資割合に応じて他の各構成員（サブ会社）に配分するとともに、工事の施工に伴い支出した工事原価の資金を出資割合に応じてサブ会社に対して請求する。
　一方、サブ会社は、スポンサー会社から請負代金が入金した場合は、未成工事受入金として計上し、また、工事原価に係る出資金の請求及び支払いを未成工事支出金として計上する。

　JV を組織して工事を施工する長所は次のとおりである。
- 資金負担
　　大規模工事の場合、多額の運転資金を長期にわたり必要とするが JV を構成することにより各構成員の資金負担を軽減できる。

- 危険分散
    当初予測できなかった工事損失の危険の負担を JV を構成することにより分散できる。
- 技術の拡充、強化及び経験
    施工経験の乏しい業者であっても、技術力のある業者と JV を構成することにより施工実績の経験を積み、そのなかで技術の拡充、強化を図ることができる。
- 施工の確実性
    JV を構成する各構成員の協力、共同責任により、単独で施工する場合に比べ工事の施工の確実性がある。

　また、一方で JV はその運営にあたり各構成員との連絡や調整に時間を要し、単独で施工する場合に比べ効率性が損なわれる等の短所がある。

② JVの種類

我が国のJVは施工方式により「共同施工方式」と「分担施工方式」に、また、受注形態により「表JV」と「裏JV」に区分される。

1. 施工方式による区分

(1) 共同施工方式

共同施工方式とは、各構成員がJV協定書で定めた出資割合に応じて出資し、人員、建設機械等を提供して共同して工事を施工する方式をいう。

各構成員の権利、義務等はJV協定書で定められ出資割合に応じてJV工事損益の配分等が行われる。

(2) 分担施工方式

分担施工方式とは、各構成員がJVとして受注した工事を工事区分等で分担して工事を施工する方式をいう。

各構成員の分担する工事は、JV協定書で定められ共通経費の負担は生じるが、工事の損益は各構成員の分担した工事に帰属して、JV工事全体で損益の配分は行わない。

2. 受注形態による区分

(1) 表JV

工事の入札や請負契約において各構成員が契約当事者として表面にでて、

受注した工事について共同責任で施工する形態をいう。

　表JVは各構成員が共同で運営するが、一般的には構成員を代表するスポンサー会社を設けて、発注者との交渉及びJVの運営を行っている。

(2) 裏JV

　実質的にはJVを構成しているが工事の入札や請負契約においては、スポンサー会社以外の構成員や一部の構成員が契約当事者として表面にでないで工事を施工する形態をいう。

　この当事者として表面に出ない構成員はJV内においては構成員として取扱われるもののスポンサー会社等の下請業者の形で工事に参加する。

③ JVの会計処理

1. 完成工事高の計上

> **Point** JV全体の完成工事高にJV協定書で定められた出資割合を乗じた額又は分担した額を完成工事高に計上する。

「国土交通省告示、勘定科目の分類」においてJV工事の完成工事高の計上については、「共同企業体により施工した工事については、共同企業体全体の完成工事高に出資の割合を乗じた額又は分担した工事額を計上する。」としている。

したがって、JV工事の完成工事高及び完成工事原価は施工方式により次のように計上する。

(1) 共同施工方式

各構成員はJV協定書で定められた出資割合に応じて完成工事高を計上するとともに完成工事高に対応する完成工事原価を計上する。

(2) 分担施工方式

各構成員はJV協定書で定められた分担施工した工事額を完成工事高に計上するとともに完成工事高に対応する完成工事原価を計上する。

2. 会計処理

　JVの会計処理は、JV独自の会計単位を設けて行う場合とスポンサー会社の会計組織のなかで行う場合があり、実務的には、スポンサー会社の会計組織のなかで行う場合が多い。
　以下、JVの会計処理がスポンサー会社の会計組織のなかで行われている共同施工方式を前提としてJVの会計処理を解説する。

(1) 工事原価と出資金
　スポンサー会社は工事の施工に伴い発生する工事費用を記録集計するとともに、工事資金の調達のために各構成員に対して出資割合に応じて出資金の請求を行う。
　サブ会社はスポンサー会社からの請求に基づき出資割合に応じて資金を支払い、スポンサー会社は、この資金をもって工事費用を支払う。

(2) 協定原価と単独原価 (協定外原価)
　各構成員が計上する工事原価としては、JVの運営委員会で承認された実行予算に基づく工事費用でJVへの出資割合に基づき計上する協定原価とJVへの派遣職員の給与とJV協定給与の差額（人件費差額）、派遣職員の賞与、退職金等の各構成員が独自に負担し、JVに請求できない単独原価（協定外原価）がある。

　このうち人件費差額は、各構成員が必要に応じて職員をJVに派遣して、その給与をJVが負担するが各構成員の状況により給与水準が異なるため、JVで協定給与を定めておき、各構成員は、この協定給与をもとにJVに請求する。
　このため、実際の給与と協定給与との間に差額が生じる場合があるが、そ

の差額は各構成員の工事原価で負担する。

(3) 請負金額の入金と配分
　スポンサー会社は発注者に対して請負金額を請求し、入金した場合、出資割合に基づいて各構成員に配分する。

(4) 完成工事高及び完成工事原価の計上
　各構成員はJV全体の完成工事高に出資の割合を乗じた額を各自の完成工事高として計上するとともに対応する完成工事原価を計上する。

＜設例。共同施工方式JVの会計処理＞
　　　前提条件　　施工方式　　　　　共同施工方式
　　　　　　　　　JVの出資割合　　　スポンサー会社　　70％
　　　　　　　　　　　　　　　　　　サブ会社　　　　　30％
　　　　　　　　　工事収益総額　　　　　　　　　　　1,000
　　　　　　　　　工事原価総額　　　　　　　　　　　　900
　　　　　　　　　工事利益　　　　　　　　　　　　　　100
　　　　　　　　　JVの会計処理はスポンサー会社の会計組織で行っている。

＜JVにおける取引＞
　①工事原価の発生と出資金の請求
　　　　JVとして工事原価が600発生し、スポンサー会社はその工事代金を現金300、支払手形300で支払った。
　　　　サブ会社はスポンサー会社の請求に基づき出資割合に応じて現金90、支払手形90をスポンサー会社に支払った。

　②請負金額の入金と配分
　　　　スポンサー会社は請負金のうち500を現金で入金したので出資割合

に応じてサブ会社に現金150を支払った。

③工事未払金の計上

工事の完成にあたり、工事未払金300を計上した。

④完成工事高及び完成工事原価の計上

スポンサー会社及びサブ会社はJV全体の完成工事高に出資の割合を乗じた額を各自の完成工事高として計上するとともに対応する完成工事原価を計上した。

＜スポンサー会社の会計処理＞

①工事原価の発生

(借)	未成工事支出金	420	(貸)	工事未払金	600
	未収入金　（＊）	180			

（＊）　600×サブ会社の出資割合30％＝180

②工事未払金の支払い

(借)	工事未払金	600	(貸)	現金	300
				支払手形	300

③サブ会社から入金

(借)	現金	90	(貸)	未収入金	180
	受取手形	90			

④請負金額の入金

（借）	現金	500	（貸）	未成工事受入金	350
				預り金　（＊）	150

（＊）　500×サブ会社の出資割合 30% ＝ 150

⑤請負金額のサブ会社への配分

（借）	預り金	150	（貸）	現金	150

⑥工事未払金の計上

（借）	未成工事支出金	210	（貸）	工事未払金	300
	未収入金　（＊）	90			

（＊）　300×サブ会社の出資割合 30% ＝ 90

⑦完成工事高及び完成工事原価の計上

（借）	完成工事未収入金	350	（貸）	完成工事高　（＊）	700
	未成工事受入金	350			

（＊）　1,000×スポンサー会社の出資割合 70% ＝ 700

（借）	完成工事原価	630	（貸）	未成工事支出金	630

＜サブ会社の会計処理＞

①スポンサー会社から出資金の請求

（借）	未成工事支出金	180	（貸）	工事未払金	180

② スポンサー会社への支払い

| （借） | 工事未払金 | 180 | （貸） | 現金 | 90 |
| | | | | 支払手形 | 90 |

③ スポンサー会社から請負金額の配分

| （借） | 現金 | 150 | （貸） | 未成工事受入金 | 150 |

④ 工事未払金の計上

| （借） | 未成工事支出金 | 90 | （貸） | 工事未払金 | 90 |

⑤ 完成工事高及び完成工事原価の計上

| （借） | 完成工事未収入金 | 150 | （貸） | 完成工事高 （＊） | 300 |
| | 未成工事受入金 | 150 | | | |

（＊）1,000×サブ会社の出資割合 30％＝300

| （借） | 完成工事原価 | 270 | （貸） | 未成工事支出金 | 270 |

＜JV全体及び各構成員の損益計算書＞

　JV全体及び各構成員の損益計算書は次のとおりで、各構成員の完成工事高はJV全体の完成工事高に出資割合を乗じた額となる。

区分	JV全体	スポンサー会社	サブ会社
出資割合	100％	70％	30％
完成工事高	1,000	700	300
完成工事原価	900	630	270
工事利益	100	70	30

なお、単独原価(協定外原価)がスポンサー会社で △5、サブ会社で3発生した場合の各構成員の損益計算書は次のとおりである。

区分	スポンサー会社	サブ会社
出資割合	70%	30%
完成工事高	700	300
完成工事原価	(＊1) 625	(＊2) 273
工事利益	75	27

(＊1) スポンサー会社のJV原価＋単独原価＝630－5＝625
(＊2) サブ会社のJV原価＋単独原価＝270＋3＝273

参考文献

『建設業会計提要』建設工業経営研究会，（株）大成出版社，2007

『建設業ハンドブック 2010』（社）日本建設業団体連合会　（社）日本土木工業協会，（社）建築業協会，2010

『工事契約会計』（財）建設業振興基金　建設業経理研究会，建設産業経理研究所，（株）清文社，2008

『わかりやすい建設業の会計実務』澤田　保，（株）大成出版社，2008

『中小建設企業の会計指針』（財）建設業振興基金　建設業経理研究会，建設産業経理研究所，（株）清文社，2006

『建設業の会計実務』有限責任あずさ監査法人編，（株）中央経済社，2010

『建設業会計実務ハンドブック』（財）建設業振興基金　建設業経理研究会，建設産業経理研究所，（株）清文社，2003

『建設業の工事原価計算と収益計上の実務』田村雅俊，（株）清文社，1997

『法人税　決算と申告の実務』山口秀巳，（財）大蔵財務協会，2009

『中小企業の会計に関する指針（平成 22 年版）』日本税理士会連合会　日本公認会計士協会　日本商工会議所　企業会計基準委員会，2010

―― 著者略歴 ――

望月正芳（もちづき　まさよし）

昭和43年3月　早稲田大学商学部卒業
昭和45年1月　監査法人　朝日会計社（現　有限責任あずさ監査法人）入社
昭和48年3月　公認会計士登録
昭和60年4月　社員　就任
平成　5年4月　代表社員　就任
平成21年6月　退職

　　この間　主として建設会社の監査業務に従事

現在　　　公認会計士　税理士　望月正芳事務所
　　　　　学校法人　東邦大学　監事
　　　　　建設工業経営研究会　主任研究員

日本公認会計士協会
　　　元　法規委員会委員長
　　　元　公認会計士制度委員会副委員長
　　　元　建設業研究部会会長
　　　現　綱紀審査会副調査部会長

著書　　　「建設業会計提要」（執筆総括　建設工業経営研究会）
　　　　　「工事契約会計」（共著　建設産業経理研究所）
　　　　　「経営財務」（税務研究会）に建設業会計の論文寄稿

誰にでもわかる建設業の会計

2011年5月1日　第1版第1刷発行
2012年7月20日　第1版第2刷発行

著　者　　望　月　正　芳

発行者　　松　林　久　行
発行所　　株式会社 大成出版社
　　　　　東京都世田谷区羽根木1-7-11
　　　　　〒156-0042　電話03(3321)4131(代)
　　　　　http://www.taisei-shuppan.co.jp/

Ⓒ2011　望月正芳　　　　　　　　　印刷　亜細亜印刷
　　　　落丁・乱丁はおとりかえいたします。
　　　　ISBN978-4-8028-2997-7

大成出版社図書のご案内

50年以上にわたる建設業会計の標準的、かつ指導的な解説書の最新版!!

平成23年改訂

建設業会計提要

Construction industry accounting summary

建設業標準財務諸表作成要領・解説

編集/発行　建設工業経営研究会

◆改訂内容

平成20年1月国土交通省令財務書類様式の一部改正
　主な変更点
　・貸借対照表(様式第15号)の改正
　・注記表(様式第17号の2)の改正

平成22年2月国土交通省令財務様式の一部改正
　主な変更点
　・貸借対照表(様式第15号)の改正
　・注記表(様式第17号の2)の改正
　・勘定科目の分類を定める告示の改正

　この度、我が国の建設業会計の規範となる「工事契約に関する会計基準」が平成19年12月に公表され、工事契約の範囲、認識の単位、認識基準等が定められ、企業会計基準の公表、改正により会社計算規則の改正が行なわれました。
　このような企業会計基準の公表、改正及び会社計算規則の改正を踏まえて、平成22年2月国土交通省令第2号及び同告示第55号をもって、建設業法施行規則の財務書類様式及び勘定科目の分類を定める告示について改正が行なわれました。
　本書はこれを機に、これらの改正事項を盛り込み、現段階において最も妥当と思われる解釈に従って解説し、建設業会計独自のものなどについては、研究委員会において考え方を統一するなど、標準的、かつ指導的な建設業会計の指針として取りまとめております。

A5判・530頁・図書コード2998・定価4,410円(本体4,200円)

株式会社 大成出版社

〒156-0042　東京都世田谷区羽根木1-7-11
TEL 03-3321-4131　FAX 03-3325-1888
ホームページ http://www.taisei-shuppan.co.jp/

関連図書のご案内

現場監督のための相談事例 Q&A
著者◎菊一　功

A5判・188頁・定価1,890円(本体1,800円)・図書コード2927

現場監督に関心が高い、労災かくしや偽装請負など痒いところに手が届くQ&A！
発注者から施工業者、社労士まで読める必読書！

建設現場で使える労災保険 Q&A
著者◎村木宏吉

A5判・定価1,890円(本体1,800円)・図書コード2964

○建設現場に1冊の必需品！
○工事現場で労災事故が発生したらどうする？
○社会保険労務士の苦手分野もしっかりと掲載！

改訂7版　建設業法と技術者制度
編著◎建設業技術者制度研究会

A5判・484頁・定価2,940円(本体2,800円)・図書コード2870

平成20年11月28日施行！
建設業法の改正を含む「建築士法等の一部を改正する法律（平成18年12月10日）」により監理技術者制度が拡充されました！公共工事に加え、民間工事においても、公共性の高い工作物に関する一定規模以上の工事に選任配置される監理技術者については、監理技術者資格者証の交付を受け、管理技術者講習を受講したものでなければなりません。

株式会社 大成出版社

〒156-0042　東京都世田谷区羽根木 1-7-11
TEL 03-3321-4131　FAX 03-3325-1888
http://www.taisei-shuppan.co.jp/

※ホームページでもご注文を承っております。